[最全最新修订版]

致加西亚的信

A Message to Garcia

[美] 阿尔伯特 · 哈伯德 著 吴群芳 李政 译

北京联合出版公司
Beijing United Publishing Co.,Ltd.

图书在版编目（CIP）数据

致加西亚的信 ： 最全最新修订版 / （美）哈伯德著；
吴群芳，李政译. -- 北京 ： 北京联合出版公司，2015.4
（2017.8 重印）

ISBN 978-7-5502-4937-0

Ⅰ. ①致… Ⅱ. ①哈… ②吴… ③李… Ⅲ. ①职业道
德—通俗读物 Ⅳ. ①B822.9-49

中国版本图书馆CIP数据核字(2015)第069222号

致加西亚的信

作　　者：［美］哈伯德

责任编辑：王　巍

特约监制：姚越华

策划编辑：单靖华

装帧设计：古涧文化

北京联合出版公司出版

（北京市西城区德外大街83号楼9层　100088）

北京嘉业印刷厂印刷

字数123千字　880毫米×1230毫米　1/32　7.25印张

2015年4月第1版　2017年8月第8次印刷

ISBN 978-7-5502-4937-0

定价：28.00元

世界上到处都是有才华的穷人

世界上到处都是有才华的年轻人，但是，却不一定都能靠才华换取丰厚的经济回报，甚至大多经济拮据。为什么呢？这就是《致加西亚的信》阐述的秘密。

一百多年来，这本书，一直以不同的方式在全世界广泛流传。2000年被美国《哈奇森年鉴》和《出版商周刊》评选为有史以来世界最畅销图书第6名。

谨以此书献给所有能把信送给加西亚的人。

哈伯德的商业成功信条

我相信我自己。

我相信自己所售的商品。

我相信我所在的公司。

我相信我的同事和助手。

我相信美国的商业方式。

我相信生产者、创造者、制造者、销售者以及世界上所有正在努力工作的人们。

我相信真理就是

价值。

我相信愉快的心情，也相信健康。我相信成功的关键并不是赚钱，而是创造价值。

我相信阳光、空气、菠菜、苹果酱、酸乳、婴儿、羽绸和雪纺绸。请始终记住，英语里最伟大的单词就是“自信”。

我相信自己每销售一件产品，就交上了一个新朋友。

我相信当自己与一个人分别时，一定要做到当我们再见面时，他看到我很高兴，我见到他也愉快。

我相信工作的双手、思考的大脑和爱的心灵。

阿门，阿门！

哈伯德的人生成功信条

我相信是上帝创造了人。

我相信被上帝赐福的父亲、母亲和孩子，三位一体的家庭组合。

我相信上帝就在我们身边，我们和从前一样距他如此近。

我不相信他创造了这个世界后就置之不理让它独自运转。

我相信灵魂的暂居之所——人类身体的神圣。因此我认为通过正确的思考和生活以保持形体的美感是每一个男人和女人的义务。

我相信男人对女人的爱和女人对男人的爱是神圣的。在这种爱推动下的灵魂与人类思想最深处对上帝的爱同样神圣崇高。

我相信经济、社会和精神的自由可以使人类获得救赎。

我相信约翰·拉斯金、威廉·莫里斯、亨利·梭罗、沃尔特·惠特曼和托尔斯泰是上帝派来的先知，他们的思想造诣和灵魂的境界应当与伊利亚特、何西阿、以西结和以赛亚齐名。

我相信人类像从前一样一直被激励和鼓舞着。

我相信正如我们一直希望的一样，人类生活在永恒中。

我相信为未来生活做准备的最佳方法是心存善良，在某个时候的某一天尽全力做好工作，使它尽善尽美。

我认为我们应当记住礼拜日，确保它神圣的地位。

我相信没有魔鬼只有恐惧。

我相信除了自己没人能伤害你。

我相信我所具有的神性和你一样。

我相信我们都是上帝的儿子，除此之外我们什么都不是。

我相信通往天堂的唯一途径是心存天堂。

我相信每个人都很在意他自己的事。

我相信阳光、新鲜的空气、友谊、沉静的睡眠和美丽的想法。

我相信失败也可以算作是另一种成功。

我相信遭受不幸可以净化身心，也相信死亡即是生命的宣言。

我相信天地万物性本善。

我相信如果有新的闪电划过我的思想，我会时不时地用新的信条来增补或代替这一条。

目录

世界上到处都是有才华的穷人 / 001

哈伯德的商业成功信条 / 002

哈伯德的人生成功信条 / 003

推荐序　你的未来正被看不见的力量左右

001

《致加西亚的信》是一本揭示出这种因素和力量的书籍，一本更接近事情真相的书籍，所以它流传了100年，而且还会一直流传下去。尽管它只是一个真实简单的故事，送信人罗文把信送给加西亚的小故事。

原出版者手记　决定成功的是人品而非能力

005

人们更应该意识到，取得成功的最重要的因素并不是因为他杰出的军事才能，而是在于他优良的道德品质。因此，罗文中尉将永远被人们所铭记。

1913年版作者序言　英雄就是做好本职工作的人

007

是的，孩子是对的，英雄就是做了自己应该做的工作的人——把信送给加西亚的人。我从桌子旁跳了起来，奋笔疾书写下这本《致加西亚的信》。

第一章　致加西亚的信 / 011

罗文的百年传奇 / 012
办公室里的普遍规律 / 013
把信送给加西亚的人 / 015
世界上到处都是有才华的穷人 / 016

第二章　我是如何把信送给加西亚的 / 019

一个玩笑般的开始 / 020
忙着为行程做准备 / 022

我的第一段行程

024

第二位车夫和第一个一样默不作声，对我的话充耳不闻。他满脸专注地坐在车驾上，任凭马车飞奔。

把信送给加西亚 / 024
坐上了第一个马夫的车 / 025
第二位车夫仍然沉默不语 / 027
两日拼命赶路后短时间的休息 / 029

我的第二段行程

031

在海拔八千英尺的高峰上，竟然有着绵延数百英里的绿色长廊。但我不能过多陶醉在美景之中。格瓦西奥正在下令收帆减速，我们已经接近战区了。

我们扬帆出海 / 031
遇见西班牙军舰 / 032
已经接近战区了 / 034
第二段行程结束 / 036

我的第三段行程

038

几分钟以后，我来到了加西亚将军的驻地。漫长而惊险的旅程终于结束了。苦难、失败和死亡都离我们远去。我成功了！

在古巴的土地上 / 038
接近“皇家公路” / 039
西班牙逃兵带来的威胁 / 041
终于到了亚拉 / 042
攀登西拉梅斯特拉山 / 044
里奥将军到了 / 045
加西亚将军就在巴亚莫 / 046
走完最后一段通往古巴指挥官营地的路程 / 047
来到加西亚将军的驻地 / 048
我终于把信交给了加西亚将军 / 050

我的第四段行程

052

那一天真是酷热难耐，但我们谁也睡不着，甚至不敢稍有放松。尽管美国战舰出现了，但是西班牙的炮艇很快能追上我们，将我们逮捕。

返回美国 / 052
勇敢让人无所畏惧 / 053
虚惊一场 / 054
顺利到达基维斯特 / 055
换乘前往华盛顿的火车 / 056

第三章　自动自发 / 059

一　你属于上面哪一类人

060

有两种人永远落后于别人：一种是只做被要求的工作，另一种是做不好被要求的工作。主动去做应该做的事情是最好的状况，当被告知时立即去做紧随其后。

二　对待工作，要勤奋、认真

064

如果老板没有注意到我们所付出的努力，更没有给予我们与之相应的回报，请不要沮丧。因为谁也无法抢走你拥有的无形资产，而这一切最终会带给你丰盛的回报。

工作不仅仅是为了赚钱 / 064
比薪水更重要的是成长 / 067
有所为必有所获的因果法 / 069
智慧看待得失，不要斤斤计较 / 072
无论何时都不要贬低自己的工作 / 077
工作中每一件事都值得我们全神贯注 / 081
工作的真谛不是卖命，而是人生的另一种乐趣 / 08
懒惰会对心灵造成严重伤害 / 088
避免拖拉和逃避对成长意义非凡 / 090
下定决心永远以积极的心态做事 / 094
人生当中最义不容辞的美德 / 097

三　对待公司，要敬业、尽责

100

巨大的机会往往蕴藏在极其平凡的职业中，极其低微的位置上。要把自己的工作做得更完美、更迅速、更正确、更专注，给自己创造发挥潜力的机会。

工作的确是人生的重要使命之一 / 100
竭尽全力做好自己的本分 / 103
在“分内事”之外多做一点“分外事” / 108
晋升建立在忠实履行日常工作的基础上 / 116
自动自发让你成为超凡卓越的人 / 122

四　对待老板，要忠诚、尊敬　127

心许你的雇主并不见得比你高明多少，但只要他是你的雇主，你就必须服从他的命令，这是一个必须遵循的秩序。你要努力去发现他那些优越于你的地方，尊敬他、欣赏他、向他学习。

老板和员工并非传说中的对立关系 / 127
用对待普通人的态度来对待老板 / 130
每天带着一颗感恩的心工作 / 133
学会在工作中欣赏、尊敬和赞美老板 / 137
仔细观察和学习老板的过人之处 / 142
以主人翁的心态和公司站在一起 / 147
轻视效力的公司就是轻视自己 / 150
抱怨只会带给你无尽的苦毒和怨恨 / 154
先处理好心情，再处理工作 / 160
忠诚能够带给你满足感与尊重感 / 165
诚实守信在何时都无需质疑 / 170
展现与众不同，使自己不可替代 / 175

五　相信自己，超越自己 179

一旦你周围的朋友了解到你是个意志坚定、富有忍耐力、头脑机智、做事敏捷的好朋友、好员工、好同事后，无论位于哪个位置，都能找到适合你的职位和工作。

分辨出你最大的敌人是谁 / 179
正确抉择是事业成功的基础 / 182
真正奴役你的人是你自己 / 186
热忱能使工作充满喜悦和乐趣 / 191
坚韧带你走向成熟人生 / 196

英文版原文　A Message To Garcia / 201

附录　轻松测试你的职业性格 / 209

测验一 / 209
测验二 / 210
测验三 / 211
测验四 / 211
评分方法 / 212
结果解释 / 212

推荐序

你的未来正被看不见的力量左右

麦肯特公司　马刚

纵观历史，当今年代，伴随着科学技术加速发展，物质世界的越发丰富，社会结构、人文思想前所未有地更加复杂和精细。在这样加速变化的外在环境中，每个人都面临着巨大压力，用自己的身心和行为去迎接外界的挑战。

那，是什么在指导着每个人的行为处事呢？我们确定：事情的“因”和“果”是有规律的。人们根据对因果关系的认知，或主动或被动地行事，希望事情按照自己头脑中预想的发展，达到自己想要的结果。

这种认知有些是我们头脑中总结的规律，有些是自己也未察觉的潜意识层面的信念，它是推动人们如何做事的力量。但事情结果往往不尽如人意，回头看时，发现人们总是过于执著于浅层的“因”，相信看得见的力量，而忽视了深层的“因”。这个世界确实存在着一些不易察觉的因素，它的力量会对事情的结果起到巨大的作用。

一本更接近事情真相的书

《致加西亚的信》是一本揭示出这种因素和力量的书籍，一本更接近事情真相的书籍，所以它流传了100年，而且还会一直流传下去。尽管它只是一个真实简单的故事，一个送信人罗文把信送给加西亚的小故事。

但，“小故事，大道理”，从故事中引出的敬业、奉献、诚信、勤奋、自我管理等种种“送信者”的精神得到了无数人的认同和共鸣。书中从不同的角度联系了我们实际的工作生活环境，证明种种看不见的力量对于事情的“果”所产生的巨大影响。这些力量，经常被人们所忽视，或大家仅仅从道理和概念上知道，但不能真正做到，正所谓“知易行难”。这之间巨大的差距源于对这种种力量的察觉和认同。

为企业提供管理咨询和领导培训的工作性质，使我这些年深入地接触过各个行业和企业的数以万计的经理人和他们的下属，了解他们对待工作的行为和态度。回想每一次与他们的深入交流，归纳、提炼那些在工作中得到成功和快乐的人们的价值观，发现结果就是这个故事所承载的“送信者”的精神。

相信读者安静地读《致加西亚的信》时，细品自己的经历时，会真切地察觉到这种力量的存在和强大。故事中的委托人与送信人，扩展到工作中暗喻着领导与下属。下面，我从两个角度向读者贡献我所观察的情形。

“送信者”的暗喻

从下属的角度去看，我把种种行为所反映出来的态度简化为两种，一种是浮躁、懈怠、懒散、抱怨、推诿责任等消极态度，另一种是与之相反的拥有“送信者”精神的积极态度。回顾我和怀有两种不同态度的人的交流，在和第一种人交流时，当我问到“为什么不能向故事主人公罗文那样工作，那种方式工作到底能给人带来什么”等类似问题时，在我得到的答案中，回答大多是“不知道”或“不一定会有好的结果”，然后他们会列举很多例子证明那样做有多傻和划不来。“工作中一面做事，一面看我做事会得到什么”，这种态度其实也无可厚非。只是有些时候他们只看到了表面的因和果，看到像“罗文”一样工作时，在精力上的辛苦付出，却没有得到直接的回报是不公平的。却没有计算到全力以赴工作时自己所得到的乐趣，自身能力上的提高，他人对这种工作态度的尊敬，老板的信任，和引发的未可预知的机会等看不见的也无法一一枚举的收获。这种思维足够的聪明，但也许不够智慧，因为我看到的现象是执著于回报和短期收益之人的行为往往会背离自己真正的目标。在和第二种积极态度的人交流时，他们很少怀疑像送信者罗文那样的工作是否会得不偿失，甚至不去想结果会怎样，只是在工作中展示出“送信者”的精神。而我看到的现象是，怀有积极的工作态度，乘以时间系数后，对应的是人们在工作和事业上的成功。

再从领导的角度去看，很多管理者读了这本书之后，都感叹下属如果都是送信者罗文就好了。那如何能让身边的罗文越来越多呢？有些管理者会拼命寻找合格的送信人，有些管理者就送这本书给下属，让下属去学习和改变。这些的确是重要的途径和方法，但领导自身的改变才是更重要的途径。工作中的一些情境下，领导何曾不是下属的“送信者”呢？自己不能送到，又怎能要求他人都是送信者呢？领导让下属具备“送信者”的精神，需要“言传”讲道理，同时也需要“身教”，用自己的行为影响下属。这或许是另一种看不见的因果力量。

一些看不见的力量推动着事情的“因”和“果”。虽然这是一个100多年前的西方的故事，但在现如今的东方，书中揭示出的“送信者”的精神同样适用于我们的环境中，这些力量成就了《致加西亚的信》中的罗文，也会成就每一个拥有“送信者”精神的人。愿我们都是忠诚于自己和他人的“送信者”。

原出版者手记

决定成功的是人品而非能力

阿尔伯特·哈伯德是纽约东奥罗拉的罗依科罗斯特出版社的创始人。他是一位坚强的个人主义者，终生坚持不懈勤奋努力地工作。然而所有的一切在1915年与被德国水雷击沉的路西塔尼亚号轮船一同沉入海底，早早地结束了。

他1859年出生于伊利诺伊州的布鲁明顿。后来他因罗依科罗斯特出版社所出版、印刷、发行的优质出版物而闻名于世。在罗依科罗斯特出版社工作的日子里，阿尔伯特·哈伯德出版了《菲士利人》和《兄弟》两本杂志。杂志中许多文章都出自他之手。在写作和经营出版业的同时，哈伯德还致力于公共演讲，他在演讲台上也取得了同在出版业上一样的成绩。

从最初问世的那一刻起，《致加西亚的信》就赢得了非同寻常的称赞，连作者都始料未及。《作者序言》描述了这种成功。

故事中那个送信的人是安德鲁·罗文，他是美国陆军的一位年轻中尉。当时正值美西战争（编者注：1898年4月至12月美国与西班牙之间发生的争夺殖民地的战争）爆发。美国总统麦金莱（编者注：美国第25任总统[1897—1901]）急需一名合适的特使去完成一项重要的任务，于是，军事情报局推荐了安德鲁·罗文。

罗文中尉在孤身一人没有任何护卫的情况下，立刻出发了。一路上，陪同他前进的只有自己的信念，一直到他秘密登上古巴岛后，古巴的爱国者们才给他派了几名当地的向导。罗文中尉事后谦虚地说，那次冒险经历，仅仅受到了几名敌人的包围，自己及后来的战友设法从中逃出来并把信送给了加西亚将军——一个掌握着决定性军力的人。

整个任务成功的过程与许多意想不到的偶然因素以及其个人的努力相关联，但是，这位年轻中尉迫切希望完成任务的信念却起到了至关重要的作用，尤其是在面对困难时的勇气和不屈不挠的精神。为了表彰他所做的贡献，美国陆军司令为他颁发了奖章，并且高度称赞他说："我要把这个成绩看做是军事战争史上最具冒险性和最勇敢的事迹。"

但人们更应该意识到，取得成功最重要的因素并不是因为他杰出的军事才能，而是在于他优良的道德品质。

罗文中尉将永远为人们所铭记。

1913年版作者序言

英雄就是做好本职工作的人

阿尔伯特·哈伯德

《致加西亚的信》这本小册子是在一天晚饭后写成的，仅仅用了一个小时。那是1899年2月22日——华盛顿的诞辰日——我们准备出版《菲士利人》三月刊的日子。

当时我正在为提高那些整天浑浑噩噩、无所事事的市民的觉悟、帮他们重新振作起来而头疼。

我的灵感来自喝茶时一个小小的辩论。当时我的儿子认为罗文是古巴战争中真正的英雄，他只身一人出发，完成了一件了不起的事情——把信送给了加西亚。

他就像火花一样在我脑中一闪！是的，孩子是对的。英雄就是做了自己应该做的工作的人——把信送给加西亚。我从桌子旁跳了起来，奋笔疾书写下了这本《致加西亚的信》，并毫不犹豫地把这篇没有标题的文章登在了当月的杂志上。

第一版很快告罄。不久，请求加印《菲士利人》三月刊的订单像雪片般飞来。一打、50份、100份……当美国新闻公司订购1000份时，我问一个助手究竟是哪一篇文章引起了如此般的轰动，他说：“是有关加西亚的那些材料。”

第二天，纽约中心铁路局的乔治·丹尼尔竟然也发来了一份电报：“订购10万份以小册子形式印刷的关于罗文的文章……请报价……封底有帝国快递广告……用船装运……需要多长时间？”

我给了他报价，但是我们最快也需要两年的时间才能提供那些小册子——当时印刷设备十分简陋，印制10万册书是一项骇人听闻的任务。

我答应丹尼尔先生按照他的方式来重印那篇文章，最后，他居然销售和发送了近50万这本小册子，其中的两三成都是由丹尼尔先生直接发送的。除此之外，这篇文章在两百多家杂志和报纸上转载刊登，现在它已被翻译成了各种各样的文字在全世界流传。

正当丹尼尔先生发送《致加西亚的信》之时，俄罗斯铁道大臣西拉克夫亲王恰巧也在纽约。他受纽约政府之邀来访，丹尼尔先生亲自陪同其参观纽约。于是，亲王也看到了这本小书并对它产生了浓厚的兴趣，其中最重要的原因也许在于丹尼尔先生是以大写字母的形式出版它的。亲王回国后，命人把此书译成俄文，发给俄罗斯铁路工人人手一册。

其他国家也闻风而来，这本书从俄罗斯流向德国、法国、西班牙、土耳其、印度和中国。在日俄战争期间，每一位上前线的俄罗斯士兵都会人手一册《致加西亚的信》。日本人在一个很偶然的机会从俄罗斯士兵的遗物中发现了这些小册子，他们断定这肯定是一件十分有价值的东西，于是，这篇文章又有了日文版。

后来，日本天皇下了一道命令：每一位日本政府官员、士兵乃至平民，都要人手一册《致加西亚的信》。

迄今为止，《致加西亚的信》的印数已经高达四千万册。可以说在一个作家的有生之年，在所有的文学生涯中，再没有人获得过如此成就，也再没有一本书的销量达到了这个数字！

整个历史是由一系列偶然的事件构成。

阿尔伯特·哈伯德

于1913年12月1日

第一章

致加西亚的信

[美] 阿尔伯特·哈伯德著

在一切有关古巴的事物中，有一个人一直闪耀在我的记忆中，让我难以忘怀。

——哈伯德

罗文的百年传奇

当美西战争爆发时，美国总统必须立即与古巴反抗组织的领袖加西亚取得联系。当时，加西亚隐藏在古巴丛林莽然的深山里。没有人知道确切的地点，也没有任何邮件或者电报能够送到他手上。而美国总统又必须尽快地得到他的合作。情势紧急！该怎么办呢？

这时候，有人对总统说："如果有人能够找到加西亚的话，那么这个人就是罗文了。"

于是，总统把罗文找来，交给他一封写给加西亚的至关重要的信。至于那个名叫罗文的人，如何拿了信，用油布袋将它密封好、捆在胸前；又如何乘敞篷船航行四天后趁着夜幕在古巴海岸登陆，之后消失在丛林中，再经过三个星期，历经险境，徒步穿过这个危机四伏的岛国，终于找到加西亚将军，把信交给了他——这些细节我不想在此详述。我在这里要强调的重点是：美国总统麦金莱把一封写给加西亚的信交给罗文，而罗文接过信之后，并没有问："他在哪里呢？"

像罗文这样的人，我们应该为他塑造不朽的铜像，矗立在每一所大学里，以表彰他的精神。年轻人需要的不只是从书本上学习来的知识，也不只是他人的种种教诲，而是要塑就一种敬业的精神：忠于上级的托付，迅速地采取行动，全心全意地完成任务——“把信送给加西亚”。

加西亚将军现在已经不在人世，但生活中还有其他的加西亚。没有人能够经营好这样的企业——在那里虽然急需众多人手，但是令人惊讶的是，其中充满了许多碌碌无为的人，他们要么不能、要么不愿意一心一意地做好一件事情。

拖沓磨蹭的做事态度、消极被动的冷淡、无动于衷的漠视以及心不在焉的工作风格，似乎司空见惯。没有人能把事情办成，除非苦口婆心、威逼利诱地强迫他人帮忙；或者，请上帝大发慈悲创造奇迹，派一名天使相助。

办公室里的普遍规律

作为读者，你可以就此做个试验：现在你坐在自己的办公室里——有六位招之即来的职员。你随便叫一位过来请他办一件事情：“请查一下百科全书，给我找一下克里吉奥的生平，并做一个简短的记录。”这位职员会轻轻地说一句：“是，先生。”然后就去执行任务吗?

我敢打赌，他绝不会这样。他会茫然地抬眼望着你，然后满脸狐疑地提出一个或数个问题：

他是谁呀？

哪套百科全书？

百科全书放在哪儿？

这属于我的工作职责吗？

你说的是不是俾斯麦？

为什么不让查理做这件事情？

你说的那个人死了吗？

这件事是否紧急？

我能不能把书给你，你自己去查？

你为什么想了解他的情况？

然后我敢说，十有八九在你回答了这些问题，并且解释了怎样去查那些资料以及你要查阅的原因之后，他会从你那里离开，再找另一个职员帮助他弄清楚自己的任务——然后回来对你说，根本查不到这样一个人。当然这个打赌我也可能输掉，但是根据普遍规律，我不会输的。

现在，如果你足够明智，你就不会再费神对你的“助理”解释克里吉奥在附录的字母C项下，而不是字母K，而是会和气地微笑着说：“没关系。”然后自己去查。像这样缺乏独立做事的能力，道德上愚蠢透顶，丝毫没有意志力，极不愿意愉快地接受任务并积极动手的员工，都是导致纯粹的理想社会在将来难以实现的原因。

如果人们不能为了自己而自主行动，你又怎么能期待他们心甘情愿地为他人服务呢？

把信送给加西亚的人

乍看起来，所有的公司都有许多可以委以任务的人选，但是事实真是如此吗？你刊登广告招聘一名速记员，应聘者中，十有八九不会拼也不会写，他们甚至不认为那是必要条件。

这种人能够写出一封致加西亚的信吗？

“你看那个职员。”一家大工厂的主管对我说。“嗯，他怎么了？”“他是个不错的会计，不过如果我让他去城里办个小差事，他可能会完成任务，但也可能就在途中走进酒吧，而当他到了市区，可能根本忘记了他自己是来干什么的。”这种人你能把给加西亚送信的任务交给他吗？

我们最近听到很多对“在苦力工厂被蹂躏的可怜人”和“那些寻找工作的流离失所的人”滥施同情的说教，同时把那些老板骂得体无完肤。但是，从来没有人提到未老先衰的老板们，他们努力希望让那些不求上进的懒虫们兢兢业业地工作，结果都是白费力气；老板们花费大量时间“帮助”他们，结果刚一转身，那些人又开始无所事事地混日子。

在每家商店和工厂，都有一些常规性的整顿工作。老板们必须不断地甄别那些无能的雇员，经常送走那些不能对公司有所助益的员工，同时也接纳一些新的成员。不论有多忙，这种淘汰工作都要进行。只是当经济不景气、就业机会不多的时候，整顿才会有明显的绩效——那些不能胜任、没有才能的人，都被摒弃于公司大门之外，只有最能干的人，才会被留下来。这是一个优胜劣汰的机制。老板们为了自己的切身利益，只会保留那些最佳的职员——也就是那些能把信送到加西亚手里的人。

世界上到处都是有才华的穷人

我认识一个极聪明的人，但他没有独自经营企业的能力，并且对他人也没有一丝一毫的价值，因为他总是偏执地怀疑他的老板在压榨他或存心压迫他。他没有能力指挥他人，也不愿意听他人发号施令。如果你要他去把信送给加西亚，他的回答很可能是：“你自己去吧！”

今晚，这个人还会穿着破旧的衣衫，顶着凛冽的寒风走在街上，四处寻找工作。认识他的人都不愿意雇用他，因为他是一个仇恨一切的叛逆分子。他对外界发生的一切都无动于衷，唯一能影响他的是他那双厚底的九号鞋。

当然，我知道像这种思想畸形的人要比那些肢体残缺的人可怜得多；但是，当我们对这类人施予同情时，让我们也为那些千方百计地承担重要使命的人掬一捧同情的眼泪：他们在下班铃响过后还在工作，他们的头发过早变白，而这都是为了说服人们摒弃心不在焉和漠不关心的态度，消除员工的愚蠢无能，在他们不懂知恩图报的心里培养一些感激的情谊。那些员工从来不愿想一想，如果没有老板们付出的努力和心血，他们是否将挨饿和无家可归？

我是否说得过于严重了？也许是的。但是，就算整个世界变成了贫民窟，我也要为成功者说几句同情的话——他们克服了种种不利因素，给别人指出努力的方向，他们成功了，却发现成功背后一无所有：除了食物和衣服，其他什么也没有。我也曾经为了一日三餐而为他人打工，也曾经当过雇佣别人的老板，我深知这两方面的种种甘苦。贫穷不是优点，衣衫褴褛更不值得骄傲；并非所有的老板都急功近利、奸诈狡猾，竭尽所能压榨员工，就像不是所有的穷人都有美德一样。我衷心敬佩那些在老板已经离开后还在努力干活的人，就像老板在场一样。当你交给他一封致加西亚的信时，他会默默地接受任务，不会问任何愚蠢的问题，也不会千方百计地把它推给最近的同伴，而是全力以赴地把信送到。这样的人永远不会失业，也永远不必为了争取高薪而参加罢工。

文明，就是热切寻找这种人才的一个漫长过程。

这样的人无论有什么愿望都能够得以实现。每个城市、乡镇、村庄，以及每个办公室、商店、工厂，都需要他参与其中。世界在大声疾呼：我们需要这样的人，非常需要——他就是能把信送到加西亚手里的人。

谁将把信送给加西亚？

第二章

我是如何把信送给加西亚的

［美］安德鲁·萨默斯·罗文上校

“让我们从这部作品中汲取一种进取心，在这种追求中获得一种动力。如果有助于我们的国家和我们自己，任何代价都是值得的。”

——贺拉斯

“到哪儿才能找到一个能够把信送给加西亚的人？”美国总统麦金莱问情报局局长阿瑟·瓦格纳上校。

上校迅速答道：“在华盛顿有个名叫罗文的年轻中尉，他一定能给您把信送到！”

“派他去！”总统斩钉截铁地下了命令。

一个玩笑般的开始

当时，美国和西班牙的战争一触即发。美国总统麦金莱急需相关情报。因为他意识到，美国军队只有和古巴的起义军协同作战才能取得胜利。这就必须了解：在古巴岛上西班牙的兵力有多少，他们的战斗力和士气如何，军官尤其是高级军官的脾性如何。另外，古巴一年四季的路况，西班牙军队、起义军及整个国家的医疗状况，双方的装备以及在美军动员集结期间古巴起义军要想困住敌人需要些什么援助，以及其他许多重要情报，都是总统渴望知道的。

总统的命令就三个字，就如同上校的回答一样，干脆利落。当务之急就是找到把信送给加西亚的人。

一个小时后，时值中午，瓦格纳上校通知我下午1点钟到海陆军俱乐部与他共进午餐。在饭桌上，这位出了名的幽默上校突然问我："下一班去牙买加的船什么时候开呀？"

我以为他又要开玩笑，于是决定顺水推舟。迟疑一下之后，我回答道："一艘名为阿迪罗达克的英国轮船明天中午从纽约出发。"

"你能乘上这艘船吗？"上校打断我的话。

我到这时候仍旧以为他是在开玩笑，是想调节一下气氛，于是顺口回答："是的！"

"好，那你就准备出发吧！"上校说。

"年轻人，"他严肃地说，"总统选派你去完成一项神圣的使命——去和加西亚将军取得联系，或者更确切地说，是去给加西亚将军送一封信。他在古巴东部的某个地方。你必须把情报如期安全地送达。这封信中有总统的重要指示，事关我们想了解的一系列问题。任何有可能暴露你身份的东西都不能带。要知道，美国历史上已经有太多这样的悲剧，我们不能再冒险了。大陆军的内森·黑尔和美墨战争中的利奇中尉都是因为身上带着情报而被捕的，他们不仅牺牲了生命，而且后者身上携带的机密情报还被敌人破译了。这次，你绝不能出差错，一定要确保万无一失！"

忙着为行程做准备

这时候，我才意识到瓦格纳上校不是在开玩笑。

“到了牙买加，有古巴军方联络处的人安排你出发。后面所有的事情就靠你自己了，我这里没有其他具体的指示了。”上校接着说，“下午就去做准备。军需官哈姆菲里斯将送你到金斯敦上岸。之后，如果美国对西班牙宣战的话，你带回的情报将是我们整个战略部署的依据，否则我们将无所适从。这项使命就全权由你负责，你重任在肩，必须把信交给加西亚。火车午夜出发，祝你好运！”

我和上校握手道别。

临别时，上校还一再叮咛道：“一定要把信送到加西亚手中！”

我一边忙着为行程做准备，一边想着我目前的处境：显然，我的责任重大而且复杂。虽然现在战争还没有爆发，我启程时，甚至到了牙买加也还不会爆发，但是，只要稍有闪失，后果将不堪设想。如果宣战反倒使得我的任务简单化，尽管危险并没有减少。

正所谓受命于危难之际，荣誉和生命系于一发。当这种情况出现时，人们通常会寻求具体的行动指示。我知道，军人的生命属于他的祖国，但他的荣誉却掌握在自己手中。生命可以牺牲，荣誉却不能丧失，更不能遭到蔑视。这一次，我却无法按照任何人的指令行事；我只知道我得一个人负责把信送到加西亚的手中，并从他那里带回宝贵的情报。我责无旁贷。

我不知道秘书是否把我和瓦格纳上校的谈话记录在案。但现在军情急迫，十万火急，我已无暇顾及这些。

我的第一段行程

把信送给加西亚

我乘坐的火车在中午12点零1分离开了华盛顿。旅途中我不禁想起了一个古老的迷信，说星期五不宜出门。火车开车这天是星期六，但我出发时却是星期五。我猜想这可能是命运有意安排的。但一想到自己肩负的重任，就顾不上想东想西了。虽然这个念头后来又冒出来过，但随后就消逝无踪了，因为我的使命顺利完成了。

阿迪罗达克号轮船准时起航，一路上风平浪静。我尽量不和其他的乘客搭讪，沿途只认识了一位电器工程师，从他口中了解船上发生的一切。他告诉了我一件十分有趣的事情：由于我很少和其他乘客交流，他们善意地给我起了一个绰号——“冷漠的人”。

当船进入古巴海域后，我开始意识到危险。我身上携带着政府给牙买加官方提供的证明我身份的信函。如果在阿迪罗达克号进入古巴海域前战争就爆发的话，那么，根据国际法，西班牙人肯定会上船搜查，我一旦暴露就会被捕，并被作为战犯来处置。而这艘英国船只也会被扣押，尽管战前它挂着一个中立国的国旗，从一个平静的港口驶往另一个中立国的港口。

想到问题的严重性，我忙把文件藏到头等舱的救生衣里，直到轮船顺利通过海角，我才如释重负。

坐上了第一个马夫的车

次日早晨9点，我登上了牙买加的领土。我很快找到了古巴军方联络处负责人拉伊，在那里，我和他以及他的助手一起讨论如何尽快把信送给加西亚。

我是4月8日离开华盛顿的。4月20日，我收到了密电，美国已经向西班牙发出最后通牒，勒令其在23号之前将古巴归还给古巴人民，并撤出其部署在岛上和沿海的一切陆、海军队。我用密码发出了我已到达的消息。4月23日，我收到了统帅部的密电："尽快见到加西亚将军。"

接到密电几分钟后，我来到军方联络处的指挥部，有人在那儿等着我。在场的几个流亡的古巴人我以前从未见过。当我们正在研究行动方案的时候，一辆马车驶了过来。

"时候到了！"车上的人用西班牙语喊道。

紧接着，我还没有来得及再说些什么，便被带到马车上，坐了下来。

就这样，一个军人服役以来最为惊险而奇特的旅程开始了。马车夫是一个沉默寡言的人，他一言不发，丝毫不理睬我的搭讪。我刚一落座，马车就在迷宫般的金斯敦大街上飞奔不止，速度丝毫不减，很快我们就穿过了郊区，将城市远远地抛在了后面。因为找不到人说话，我心里憋得难受，忍不住使劲拍了拍马车，但是马车夫似乎根本没有听见。

马车夫好像知道我要给加西亚将军送信，而他的职责就是快马加鞭，尽快走完他负责的这段路程。这样，在徒劳地做了几次搭话的努力之后，我也安静下来了，乖乖地坐回原来的位置，任凭他把马车驶向远方。

大约又走了四英里路，我们进入一片茂密的热带森林，然后穿过平坦的西班牙式城镇公路，在一处林地边停下。马车门从外面被打开了，我看到一张陌生的面孔，然后就被要求换乘在此等候的另一辆马车。

真是太奇怪了！好像这一切都安排好了似的，没有一句废话，甚至连一秒钟都没耽搁。

第二位车夫仍然沉默不语

一分钟之后，我又一次踏上了征途。

第二位车夫和第一个一样默不作声，对我的话充耳不闻。他满脸专注地坐在车驾上，任凭马车飞奔。我们经过了一个西班牙城镇，沿着克伯利河谷进入岛的中央，那里有条路直通加勒比海圣安湾碧蓝的水域。

车夫仍然沉默不语。虽然沿途我三番五次试图和他搭话，但他似乎不懂我说的话，甚至连我做的手势也不懂。马车在大道上一个劲儿地飞奔。随着地势越升越高，空气就越凉，清爽异常。太阳落山时，我们到达了一个车站。

这时，我突然看到一团黑影从山坡上一摇一晃地冲了下来，那是什么？不会是西班牙当局预料到我要来，专门安排牙买加军官拦截我吧？一看到这幽灵般的东西出现，我的神经蓦然紧绷了起来。结果是虚惊一场。原来是一个年老的黑人给我们送食物来了。他一瘸一拐地走到马车前。推开车门，递进了美味的炸鸡和两瓶巴斯啤酒。他的方言我只能隐隐约约听懂几个单词，大意是向我致敬，因为我在帮助古巴人民争取自由。而他给我送来吃的喝的，是想表达自己的一份心意。

可那位车夫却像是一个局外人，对炸鸡、啤酒和我们的谈话没有表现出任何兴趣。换上两匹新马之后，车夫用力抽打着马，我们又上路了。我赶紧向黑人长者告别："再见了，老人家！"

顷刻间，我们便以飞快的速度消失在茫茫的夜幕中。

虽然我充分认识到自己所肩负的使命的重要性和严峻性——赶路要紧，但依然被眼前的热带雨林所吸引。这里夜晚的景色和白天一样迷人，所不同的是，阳光下的热带植物花香四溢，争奇斗艳，而夜晚则是昆虫的世界，处处引人入胜。最壮丽的景观当数夜幕刚刚降临时，转眼间落日的余辉被萤火虫的磷光所代替，这些萤火虫闪烁着奇光异彩，以自己怪异的美装点着森林。当我穿越森林时，萤虫飞舞，星星点点，仿佛进入了仙境一般。

不过，一想到自己的职责，我还是很快从眼前的美景中清醒了过来。马车继续向前飞奔，只是马渐渐地有些体力不支了。突然间，从林里响起了一声刺耳的哨声。

马车停了下来。一群全副武装的人仿佛从地底下钻出来似的一下子包围了我们。我倒不怕在英国管辖的地盘上遭到西班牙士兵的拦截，只是这突然的停车着实让我紧张了一下。要知道，牙买加当局的行动完全可能使这次任务失败。如果他们事先得到消息，知道我违反了该岛的中立原则，肯定不会允许我继续前行的。要是这些人是英国军人该多好啊！

还好，只是虚惊一场。在小声地交谈了一番之后，我们又被放行了。

两日拼命赶路后短时间的休息

大约一小时后，我们的马车停在了一栋房屋前，房间里闪烁着昏暗的灯光，等待我们的是一顿丰盛的晚餐。这是联络处特意为我们准备的，总算可以松弛一下了。

首先为我们端上来的是牙买加朗姆酒。朗姆酒的酒香格外诱人，一下子驱走了一天的疲劳，使得我忘记了马车上九个小时七十英里的奔波劳顿。

接下来是一番寒暄介绍。这时从隔壁屋里走出一个身材魁梧、又高又壮的人，他留着大胡子，一脸果敢的表情，他的一个手指短了一截。这显然是一个在任何时候都值得信赖的汉子。他的眼神可靠而忠诚，透着一种说不出的高贵。他是从墨西哥来到古巴的，由于反抗西班牙旧制度，被砍掉一个指头流放至此。他名叫格瓦西奥·萨比奥，现在被指派做我的向导，直到我把信送到加西亚将军手里。另外，他们还雇了几个当地人将我送出牙买加，这些人再向前走七英里就算完成任务了。

只有一个人例外，那就是我的“助手”。

休息一小时后我们继续前行。离开那座房子不到半小时的路程，又有人吹口哨。我们再度停了下来，下了车，在灌木丛中磕磕碰碰、跌跌撞撞地走了差不多一英里，走进一个长满可可树的小果园。这里离海湾已经很近了。

大约在离海湾五十码的地方停着一艘小渔船，在水面上轻轻晃动。突然，船里闪出一丝亮光。我猜想这一定是联络信号，因为我们是悄无声息地到达的，不可能被其他人发现。格瓦西奥显然对船只的警觉很满意，做了回应。

接着我和军方联络处派来的人匆匆告别，涉水来到了小船旁。

至此，给加西亚送信的第一段路程告一段落。

我的第二段行程

我们扬帆出海

一上船我就发现里面堆放了许多石块用来做压舱物，长方形的一捆一捆的则是货物，但不足以使船保持平稳。我们让格瓦西奥负责掌舵，我和另一名助手就成了船员。船里的巨石和货物占了很大的空间，我们几个人挤在这狭窄的空间里，感到很不舒服。

我向格瓦西奥表示，希望能够尽快走完余下的三英里路程。我不想和英国人有什么麻烦。可他告诉我说，船必须绕过海岬，因为狭小的海湾风力不够，无法航行。我们很快就离开了海岬，正赶上微风，险象环生的第二段行程就这样开始了。

毫不隐瞒地讲，在我们扬帆出海后，我心里的确有过十分焦虑的时刻。要知道，在离牙买加海岸三英里以内的地方，如果我被敌人捉住，不仅无法完成任务，而且生命会危在旦夕。我的朋友只有这些船员和浩瀚的加勒比海。

向北一百英里便是古巴海岸，荷枪实弹的西班牙轻型军舰经常在此出没。他们有先进的武器，舰上装有小口径的火炮和机枪，船员们都配备有毛瑟枪。他们的武器比我们强多了，这一点是我后来了解到的。如果我们与敌人遭遇，后果肯定不堪设想，他们只需随便拿起一件武器，就会送我们“回老家”的。

但我必须成功，我必须找到加西亚将军，把信交给他！

我们的行动计划是，白天就待在距离古巴海域三英里的地方，待日落黄昏之时，快速航行到某个珊瑚礁后面，一直等到天明，这样，即使我们被发现，因为身上没有携带任何文件，因为得不到任何证据，我们可能被扣留但不会被审问。即使敌人发现了证据，我们也可以将船凿沉。装满砾石的小船很容易沉下去，敌人只能得到几具浮尸。

遇见西班牙军舰

清晨，海面上的空气清爽宜人。劳累一天的我正想小睡一会儿，突然听见格瓦西奥的一声大喊，我们全都站了起来。原来可怕的西班牙军舰正从几英里外的地方直冲我们驶来。

军舰上有人用西班牙语下令我们停航。

除了船长格瓦西奥一个人掌舵，其余的人都躲到了船仓里。我们的船长神态悠闲，懒洋洋地斜靠在长舵柄上，让船头的方向与牙买加海岸保持平行。

“这样，他们也许会认为我是一个从牙买加来的‘孤独的渔夫’，也就放我过去了。”船长冷静地分析到。

正如他所料，当军舰靠近的时候，那位冒失的年轻舰长用西班牙语喊道：“钓着鱼没有？”

我的这位向导也用西班牙语回答道：“没有，忙了一个早上，可怜的鱼就是不上钩！”

假如这位海军少尉——也许是别的什么军衔——稍稍动动脑子，他就会抓到“大鱼”了，而我今天也就没机会讲这个故事了。当西班牙军舰远离我们一段距离后，格瓦西奥让我们重新升起船帆，并转过身来对我说：“如果先生累了想睡觉的话，那现在就可以放心地睡了，看来危险已经过去了。”

接下来的六个小时我睡了个安稳觉。要不是那些灼人的阳光晃眼，我也许还会在石头垫上多睡一会儿。那些古巴人用他们颇感自豪的英语问候我：“睡得好吗？罗文先生！”这里整天烈日炎炎，暑气逼人，把整个牙买加都晒红了。绿宝石般的天空万里无云，岛的南坡到处是美丽的热带雨林，风光旖旎，简直就是一幅美妙神奇的风景画。而岛的北部则比较荒凉。这时，在古巴上空的云层越来越厚，大片大片的云都往那边聚积。我们焦急地看着它，但它却丝毫没有消失的迹象。不过，风力却越来越大了，正好适宜航行。我们的小船一路前行，船长格瓦西奥嘴里叼着雪茄，愉快地和船员开着玩笑。

已经接近战区了

大约下午4点，乌云散尽，天晴海阔。金色的阳光洒在西拉梅斯特拉山上，赋予山脉一种金碧辉煌的尊严。如诗如画的风景使我们仿佛进入了艺术王国。这里五光十色、山海相连、水天一色、浑然天成，简直是美不胜收。世界上再也找不到这样绝妙的景致了！在海拔八千英尺的高峰上，竟然有着绵延数百英里的绿色长廊。

但我不能过多地陶醉在美景之中。因为格瓦西奥正在下令收帆减速，见我不解其意，他解释说："我们比我预料的离敌人军舰要更近。我们已经接近战区了。现在要充分利用在海上的优势，避开敌人，保存实力。我们没必要冒被敌人发现的风险，那只能是白白送命。"

我们开始彻底检修武器。见我只带了一支史密斯威森左轮手枪，他们又发给我一只威力巨大的来复枪。我心里暗自嘀咕着这是否会有用武之地。船上的人，包括我的助手都有这种武器。水手们护卫着桅杆，可以随手拿起身边的武器。这次任务中最为严峻的时刻到了——到目前为止我们的行程还算是有惊无险。而现在到了真正的危急关头，周围潜伏着巨大的危险。被捕就意味着死亡，也就意味着给加西亚送信的使命将功亏一篑。

我们离岸边大约有二十五英里，但看上去好像近在咫尺。午夜时分，船帆开始松动，船员开始用桨划船。正好赶上一个巨浪袭来，没有费多大力气，小船便被卷入一个隐蔽的小海湾。我们摸黑把船抛锚在离岸边五十码的地方。我建议大家立即上岸，但格瓦西奥想得更加周到："先生，我们现在腹背受敌，最好还是原地不动。如果敌舰想打探我们的消息，他们一定会登上我们经过的珊瑚礁，那时候我们再上岸也不迟。我们穿过昏暗的葡萄架，就可以自由地出入了。"

笼罩在天边的云霭逐渐散尽，我们可以看到大片郁郁葱葱的葡萄、红树、灌木丛和刺莓，差不多都长到了岸边。虽然看得不是十分清楚，但给人一种朦胧的美。太阳照在古巴的最高峰，刹那间，万象更新，晨雾消失了，笼罩在灌木丛上的黑影不见了，拍打着岸边的灰暗的海水也魔术般地变绿了。光明终于战胜了黑暗。

第二段行程结束

船员们忙着往岸上卸货。看到我默默地站在那里似乎很疲倦，格瓦西奥轻声对我说："你好，先生。"其实那时我正在想着一位曾经看过类似景物的诗人写下的诗句："黑夜的蜡烛已熄灭，愉快的白天从云雾茫茫的山顶上，静静地向我们走来。"

在这样一个美妙的早晨，我伫立在岸边，不禁心潮起伏，思绪难平。在我的面前，仿佛有一艘巨大的战舰，上面刻着我最崇拜的人——新大陆的发现者哥伦布的名字，一种庄严的使命感油然而生。

不过，我的美梦很快就结束了。船上的货物搬完了，我被带到岸上，小船则被拖到一个狭小的河口，扣过来藏到丛林里。一群衣衫褴褛的古巴人聚集在我们上岸的地方。他们是从哪里来的，又如何得知我们是自己人的，这对我来说一直是一个谜。他们扮成了装运工，但在他们身上能看到当兵的印记，一些人身上还有着毛瑟枪子弹射中后留下的疤痕。

我们登陆的地方好像是几条路的交汇点，从那里既可以通向海岸，也可以进入灌木丛。向西走约一英里，可以看到从茂密的植被中突现的小烟柱和袅袅的炊烟。我知道这烟是从古巴难民熬盐用的大锅里冒出来的，这些人从可怕的集中营里逃出来，躲进了山里。

我的第二段行程就这样结束了。

我的第三段行程

在古巴的土地上

从现在开始我的行程面临着更大的危险。在古巴的土地上，西班牙军队正在残忍地进行大屠杀，这些毫无人性的刽子手见人就杀，从携带武器的军人到手无寸铁的难民，一个都不放过。找到加西亚的余下的路程将更加艰难。但无论多么艰险，我都要一往无前，直到把信送给加西亚。

这里的地形比较简单，通往北部的地方有一片绵延约一英里的平坦土地，被丛林覆盖着。茂盛的藤蔓从一个树冠爬到另一个树冠，纠缠盘扭，漫无边际，就像是一张巨大的绿色丝绒披覆在我们头上。男人们忙着开路，古巴的路网就像迷宫，也唯有土生土长的他们才能轻松出入。炎炎的烈日烘烤着我们，灼热难当。我真羡慕一起同行的伙伴，他们身上没有多余的衣裳。

我们继续前行。海和山遮住了我们的视线，浓密的叶子、曲折的小路、灼热的阳光，使得我们每前进一步都要大费力气。这里到处都是青翠的灌木丛，但当我们离开岸边到达山脚下时，就看不到这样的景色了。我们很快来到了一个空旷的地方，意外地发现几棵椰子树。椰子汁新鲜而又凉爽，对口渴得要命的我们来说，简直是灵丹妙药。

不过，尽管景色宜人，我们却不能久留。夜幕降临以前我们还要走几英里路，翻过几个陡峭的山坡，进入另一片隐蔽的空地。很快我们就进入了真正的热带雨林的深处。这里的路相对好走，微风吹过，尽管察觉不到，却也给人以心旷神怡的感觉。

接近“皇家公路”

穿过森林就是波蒂洛至圣地亚哥的“皇家公路”。当我们接近路边时，突然间，同伴们一个个转身消失在丛林里，转眼间只剩下我和格瓦西奥。我刚要问他发生了什么，却看到他将手指放到嘴边，显然是叫我不要出声，同时，示意我赶紧准备好武器，然后他自己也消失在了丛林里。

这时，马蹄声传来了，还有西班牙骑兵的军刀声和偶尔发出的命令声。我一下子反应过来。

如果没有高度的警惕性，我们也许早已走上公路，恰好与敌人狭路相逢。

我把手指扣在来复枪的扳机上，敛声屏气，随时等待枪声响起后反击。但什么也没有听到，队友们一个个都回来了，格瓦西奥是最后一个。

“我们分散开是为了给他们造成错觉。一旦我们被发现，开起火来，他们听到这么多处枪声，一定会以为中了我们的埋伏。”格瓦西奥露出惋惜的神色，“真想戏弄敌人一下，但是任务第一，游戏第二啊！是不是？！”

在起义军经常出没的地区，人们有个习惯，他们点起火用灰烤土豆，经过这里的人饿了就可以拿起来吃。我们在下午的旅程中就碰到了这样的一个火堆。烤熟的土豆一个个传给饥肠辘辘的队友，然后我们把火埋掉，继续前进。

在吃着香喷喷的土豆时，我想起了美国独立战争中的英雄马里恩和他的手下。既然马里恩和他的部属能够在艰苦的条件下取得胜利，古巴人民和古巴的英雄们肯定也能够获得成功，因为他们热爱自己的祖国，有一种发自内心的争取民族解放的强烈信念支撑着他们。这种信念和支撑我们的先辈不屈不挠地抗争的信念是一样的，那就是为了民族的尊严顽强奋战。想到自己所肩负的使命能够帮助这些爱国的志士们，能够为他们的事业尽一份绵薄之力，我不禁感到无上光荣。

西班牙逃兵带来的威胁

就在这一天的行程结束时，我注意到多了一些穿着十分奇怪的人。

“他们是谁？”我问道。

“西班牙军队的逃兵，”格瓦西奥回答，“他们是从曼查尼罗逃出来的，他们说他们不堪忍受军官的虐待和饥饿，这才逃跑的。”

逃兵有时候会有些用处，但在这旷野中，我宁愿他们待在自己的营房里。谁能保证他们当中没有人会跑出去向西班牙军队报告一个美国人正穿行于古巴，明显是在向加西亚将军的营地进发？敌人难道不是在想方设法阻止我完成任务吗？所以我对格瓦西奥说：“必须仔细审问这些人，绝不能让他们擅自离开。”

“是，先生。”他回答道。

为了确保任务万无一失，我下达了这个命令。后来的事实证明我是对的。虽然无法确认有没有人知道我的任务是什么，但是我的出现已引起其中两个后来被证明是间谍的人的警觉，并差一点要了我的命。他们决定晚上逃出去，穿过丛林给西班牙人报告——有人在护送一个美国军官。

半夜，我突然被一声枪响惊醒。我的吊床前突然出现了一个人影，就在我急忙闪开的时候，对面又出现一个人影，用大刀砍倒了第一个人，从右肩一直砍到肺部。这个人临死前供认，他们已经商量好，如果同伴没有逃出营地，他就来杀死我，阻止我完成任务。而他的同伴刚被哨兵打死。我就这样闯过了一道鬼门关。

终于到了亚拉

赶路要紧，可是马和马鞍直到第二天晚些时候才搞到。很长时间我们都无法行进。当时我十分焦急，但无济于事。马鞍比马更不容易弄到。我有点失去耐心了，问格瓦西奥能不能不用马鞍行走。

“加西亚将军正在围攻古巴中部的巴亚摩，”他回答道，“我们还要走很远才能到达他那里。”

这也就是我们到处找马鞍和马饰的原因。一位同伴看了一下分给我的马，很快为我安上了马鞍。在以后的四天里，我对这位向导的智慧的佩服与日俱增。要知道，我们整整骑马走了四天，要是没有等到马鞍，我可就惨了。我要赞美我的坐骑，它精神抖擞，虎虎生风，美国平原上任何一匹骏马都难以和它媲美。

离开了营地我们沿着山路继续向前走。山路扑朔迷离，如果不熟悉道路的话，定然会陷入绝望的境地。但我们的向导似乎对这迂回曲折的山路了如指掌，他们如履平地般行进着。

当我们离开了一个分水岭，正从东坡往下走时，突然遇到一群小孩和一位白发披肩的老人。队伍停了下来，族长和格瓦西奥交谈了几句，然后森林里响起了“万岁”的喊声，这是在祝福美国，祝福古巴和“美国特使”的到来。真是令人感动的一幕。我不清楚他们是如何知道我的到来的，但消息在丛林中传得很快，我的到来使这位老人和这些小孩十分高兴。

终于到了亚拉，一条河沿山脚流经这里，水花飞溅。我们决定在此扎营。我意识到我们又进入了一个危险地带。这里建有许多战壕，用来保护峡谷，抵挡西班牙人从曼占尼罗入侵。在古巴的历史上，亚拉是一个圣地，因为这里发出了1868年至1878年的“古巴十年独立战争”的第一声自由的呼唤。他们让我把吊床挂在一个战壕的后面——实际上，这并不是真正的战壕，而只不过是一堵齐胸高的石墙。我注意到一个士兵整个晚上都在站岗放哨。

这是格瓦西奥的安排：绝不让我的任务出一点差错。

攀登西拉梅斯特拉山

第二天早晨，我们开始攀登西拉梅斯特拉山的北坡。这里是河的东岸。我们沿着风化的山脊往前走，到处都是陡峭的悬崖和深不见底的沟壑，如果在这里遭到西班牙人的伏击的话，那我们就全完了。

我们顺着河岸，沿着蜿蜒曲折的山路前行。在我的一生中，从未见过动物被如此野蛮地对待，为了让可怜的马走下山谷，我们不得不残酷地抽打它们。但是没有办法，我必须把信送给加西亚。战争期间，当成千上万人的自由处于危险中时，马遭点罪又有什么呢？我真想对这些牲畜说声“对不起”，但我没有时间多愁善感。

我所经历的最为艰难的旅程总算在基巴罗的森林边缘结束了。我们停在一个小草房前，房子的周围伸展着一片迤逦起伏的玉米地。屋檐下挂着刚砍下的牛肉，厨师们正忙着准备一顿大餐，欢迎“美国特使”的到来。桌子上既有鲜牛肉，又有木薯面包。我到来的消息早已传遍了这里的每个角落。

刚吃完这顿丰盛的大餐，忽然传来一阵骚动，森林边上传来阵阵马蹄声和说话声。原来是里奥将军派来的卡斯蒂罗上校到了。他动作矫捷，下马的姿势十分优美，一看就是一位训练有素的军人。他代表里奥将军前来欢迎我，告诉我里奥将军将在第二天早上赶到。我暗自庆幸，我又遇到了一个经验丰富的好向导。

里奥将军到了

第二天早上里奥将军到了，陪同前来的还有卡斯蒂罗上校，后者赠送我一顶标有“古巴生产”的巴拿马帽。里奥将军被称作“海岸将军”，他是印第安人和西班牙人的混血儿，一身黝黑的皮肤，身材挺拔，步履矫健。他足智多谋，多次成功地击退西班牙人的进攻。据说他尤其擅长游击作战，神出鬼没，经常打得敌人措手不及，令西班牙人闻风丧胆。敌人多次想抓捕他，但都无功而返。

这一次出发时，里奥将军派了两百人的骑兵部队护送我。我们的人马骤然大增，实力之强足以令人侧目。

我注意到这些骑兵训练有素，骑术相当高超。很快我们又重新进入了西拉梅斯特拉的森林，置身于郁郁葱葱的油亮的绿叶之下。森林里的小路太窄，时常被形状古怪而奇特的树干所阻碍，层层叠叠的常青藤不时划破我们的脖子，我们不得不一边骑马一边清理障碍物。我们的向导步伐稳健，着实让我感到惊奇。我通常的位置是在队伍的中部，有时真想追上他，观察他披荆斩棘的英姿。他是一名黑人，皮肤像煤一样黑亮，名叫迪奥尼斯托·洛佩兹，是古巴军队的一名中尉。他善于在密林中充当开路先锋，手拿宽刃大刀，为我们劈路，砍下一片片藤蔓，仿佛永远不知疲倦似的。

加西亚将军就在巴亚莫

4月30日晚上，我们来到了巴亚莫河畔的瑞奥布伊，这里离巴亚莫城还有二十英里。我们还没扎下营来，这时格瓦西奥又出现了，脸上容光焕发。

“先生，告诉你一个好消息，加西亚将军就在巴亚莫。西班牙军队已经撤退到考托河一带，他们的最后堡垒在考托。”

我实在是急于见到加西亚将军，于是建议夜行，但他们讨论后没有同意我的意见。

1898年5月1日是一个不寻常的日子。当我在古巴的森林中睡觉的时候，我们强大的海军正冒着枪林弹雨进入马尼拉湾，向西班牙舰队发起进攻。当我正在给加西亚将军送信之时，我们的大炮已经击沉了西班牙的战舰，形成对菲律宾首都巨大的威胁。

形势急迫。一大早我们又上路了，从山坡上往下直达巴亚莫平原。一路上简直是满目疮痍，到处都是被战火毁坏的废墟，见证着西班牙军队对这块美丽的土地犯下的滔天罪行。当我们来到平原时，我们已经在马背上走了大约一百英里，这里的野草有一人多高，方圆百里不见人影，就仿佛这是一片从来没有人居住过的蛮荒之地。虽然烈日当头，酷暑难耐，我们也没有停留一步。一想到我们即将到达目的地，所有的辛劳都抛在了脑后。要知道我们的使命就要完成了！就连筋疲力尽的马也仿佛感知我们急迫的心情。

走完最后一段通往古巴指挥官营地的路程

我们到达了起义军大败西班牙人的佩拉雷杰。在曼古尼罗至巴亚莫的“皇家公路”，我们遇到了许多衣衫褴褛却兴高采烈的人们，他们正成群结队地朝城里奔去。叽叽喳喳、欢欣雀跃的交谈声使我联想到自己在丛林中遇到的那些鹦鹉。他们终于可以返回到自己阔别已久的家园了。

从佩拉雷杰抵达巴亚莫城只需几分钟的路程。这原是一个拥有三万人口的城市，但现在却成了一个只有两千人的小村庄。在巴亚莫河两岸，西班牙人建了很多碉堡，进城后首先映入眼帘的就是这些小要塞，里面的烟火还没有熄灭。当古巴人返回这曾经繁荣的城市时，他们做的第一件事便是将这些碉堡付之一炬。

我们在河岸列队，在格瓦西奥和洛佩兹与士兵说完话后，人马继续行进。我们停在河边，让马饮水，准备养精蓄锐，走完最后一段通往古巴指挥官营地的路程。

来到加西亚将军的驻地

我在这里引用一下当天报纸的报道："古巴将军说，罗文中尉的到来极大地鼓舞了古巴军队。他的到来没有引起任何注意，直到他骑着马，在古巴向导的陪同下来到这里，人们才看见他。"

几分钟以后我来到了加西亚将军的驻地。

漫长而惊险的旅程终于结束了。苦难、失败和死亡都离我们远去。

我成功了！

我来到加西亚将军的指挥部门前，看到古巴的旗帜在迎风飘扬。对于能够代表政府在这样一个特殊的地方见到加西亚将军，我自然感到十分兴奋。我们排成一列，纷纷下马。将军认识格瓦西奥，所以卫兵让格瓦西奥先进去了。不一会儿，他和加西亚将军一同走了出来，后者热情地欢迎我，并邀请我和助手进去。将军将我一一介绍给他的部下，这些军官全都穿着整齐的白色军装，腰间佩带武器，威风凛凛。将军解释了他刚才耽搁的原因，因为他在看从牙买加古巴军方联络处送来的信，这是由格瓦西奥转交给他的。

幽默真是无处不在。联络处在送给将军的信中称我为“密使”，可翻译却把这个词翻译成了“自信的人”。

早饭过后，我们马上开始谈论正事。我向加西亚将军解释说，我所执行的纯属军事任务，尽管离开美国时携带的是外交信函。总统和军事作战部急于了解有关古巴东部形势的最新情报（美方已经向古巴中部和西部派遣两名军官，但他们都没能到达目的地）。美国必须了解西班牙军队占领区的情况，包括西班牙兵力的多少和部署、他们的指挥官特别是高级指挥官的脾性、西班牙军队的士气、整个国家和每个地区的地理条件和路况信息，以及任何与美国作战部署有关的信息。最后，最重要的是美军与古巴军队联合或分开作战的计划。我还告诉将军，美国政府希望能得到关于古巴军队兵力方面的信息，以便于协同配合。如果将军觉得合适的话，我很希望能留下来亲自了解所有这些信息。

我终于把信交给了加西亚将军

加西亚将军沉思了一会儿，让所有的军官先退下，只留下他的儿子加西亚上校陪着我。大约3点钟的时候，将军回来告诉我，他决定派三名军官陪我回美国。这三名军官都在古巴生活多年，个个训练有素、经验丰富、久经考验，也十分了解自己的国家，他们完全有能力回答前面提出的所有问题。即便我留在古巴几个月，也不一定能够得出一个完整的报告。既然时间紧迫，必须让美国尽早获得情报，这样对双方都更有利。

他进一步解释说，他的部队需要武器，特别是可以用来摧毁碉堡的大炮。另外，他目前弹药匮乏，还急需大量步枪以重新装备他的部队。

加西亚将军派了一位著名的指挥官——克拉索将军、赫尔南德兹上校以及非常了解当地各种疾病情况的维塔医生同我一起返回，另外还有两名熟悉北部海岸的水手随行。如果美国决定为古巴提供军事装备，他们在运送物资的远征中一定能发挥作用。

“你还有什么问题吗？”

我还有什么问题吗？

在这九天的长途跋涉中我走过了各种地形，我真希望有机会好好看看古巴的土地。但是面对将军的问话，我毅然地回答：

“没有！先生。”

加西亚将军的建议十分英明，凭着他的指挥和对时局敏锐的把握，不仅使我免除了几个月的劳累，而且为我们的国家，也为古巴赢得了宝贵的时间，这对整个战争的胜利是非常重要的。

接下来的两个小时里，我受到了非正式的热情接待。正式的宴会在5点钟进行，结束时他们通知我护送我的人已经等在门口。我来到大街上，很惊奇地发现队列里没有和我一同前来的向导和朋友。我询问了格瓦西奥等人的情况。原来，格瓦西奥想陪我回美国的，但加西亚将军没有同意，因为南部海岸的战争还需要他，而我要从北部返回。我向将军表达了我对格瓦西奥和他的船员的感激之情。我与将军以纯正拉丁式的拥抱做了告别，然后骑上马，与三个护卫者一起向北疾驰。

我终于把信交给了加西亚将军！

我的第四段行程

返回美国

给加西亚送信的行程充满了危险，与我返回的行程相比也更重要得多。我见识了这个美丽的国度，一路上得到了那么人的帮助，他们给我做向导，为我引路，勇敢地保护着我。但是现在战争已经爆发，西班牙人变得更警惕了。他们的士兵在四处巡逻，不会放过任何一个海岸，不会放过每一个海湾和每一条船。他们的大炮随时都会轰击可疑目标。而我无论从哪个角度判断都是他们眼中的间谍，一旦被发现就意味着死亡。咆哮的大海使我认识到：成功的背后是连续不断的、一次接着一次的艰苦航程。

但是我们必须努力，必须成功，不然我的使命就会前功尽弃。这可是在很大程度上关系到战争的胜败呀！

一路上，同伴们和我都提心吊胆，保持着最大的警觉，不敢稍有疏忽。我们小心翼翼地穿过了古巴，向北进发，很快到达了西班牙军队控制下的考托。这是一个河口，停泊着几艘小炮艇，对面还构筑了巨大的碉堡，里面装着大炮，瞄准河口。

如果被西班牙士兵发现，我们就全完了。但是艺高人胆大，勇敢成了我们的救星。最危险的地方往往是最安全的。敌人哪里会想到一支身负重任的小分队居然会选在这种戒备森严的危险地方上岸?

勇敢让人无所畏惧

我们所搭乘的是一只小船，体积只有一百零四立方英尺。我们将黄麻袋拼凑到一起当压舱物，饿了就吃熟牛肉和水。就在这样的简陋条件下，我们用这只船航行了一百五十英里来到了北部的拿骚岛，西班牙的快速驱逐舰经常在此巡逻。

但是完成任务的使命感让我们无所畏惧，这是我们闯过难关时的最大动力。

由于船无法承载六个人，维塔医生带着马匹返回了巴亚莫。我们五个人将冒着西班牙人的枪林弹雨，驾着一叶扁舟凭机智取胜。

就在我们又准备启程的时候，暴风雨突然降临了。风暴来得十分可怕，它积蓄着异常猛烈的力量，直到大旋风的中心逼到头上才开始发威，一时间浪涛汹涌，我们不敢贸然下水。

但是，原地等候也同样危险。现在是满月，一旦飓风把云彩吹散，敌人就会发现我们的行踪。

但是，命运掌握在我们自己手中。

虚惊一场

晚上11点钟的时候我们决定启航。此时正是乌云满天，遮住了月亮，就好像老天爷在掩护我们出发。大家各就各位，一人掌舵，四人划桨，奋力向前。渐渐地已看不见远去的要塞。当时我的感觉简直无法形容，好像随时都会响起追击我们的炮声和机关枪的哒哒声。我们的小船在浪涛中颠簸起伏，像水中的鸡蛋壳似的被抛来抛去，随时都有灭顶之灾，全靠经验丰富的水手们，装在船里的压船物经受住了考验，我们总算又逃过一劫，冲出了险境。

渐渐地，极度的疲倦和单调的航行使得我们快要睡着了。

时间不长，突然一个巨浪打过来，差点把小船掀翻，小船浸满了水。这下子谁都不能睡了，顾不得饥肠辘辘、神困体乏，赶紧一勺一勺地往外掏水。多么难熬的漫漫长夜啊！也不知道过了多久，疲惫不堪的我们终于看到东方的海平线上泛起了一抹粉红的、珠光般的绚丽光芒，直到太阳离开了海平线。

“快看，先生！”舵手们在喊。

所有人的心一下子又悬了起来。是不是遭遇了西班牙战舰？那我们就在劫难逃了。

舵手用西班牙语喊着，我的其他同伴应和着。

难道真是西班牙战舰？

幸亏不是！那是桑普顿将军的战舰，正破浪向东，攻击敌人的舰队！

我们都长舒了一口气。

顺利到达基维斯特

那一天真是酷热难耐，但我们谁也睡不着，甚至不敢稍有放松。尽管美国战舰出现了，但是西班牙的炮艇很快就能追上我们，将我们逮捕。夜幕降临，我们五个人疲惫极了，几乎支撑不住了，但是我们丝毫不能懈怠。半夜里刮起了风，风力很强劲，刮得小船嘎嘎作响，我们竭尽全力，使小船不至于倾覆。直到第二天早晨，5月7日，我们紧绷的神经才最后松弛下来。大约上午10点，我们来到巴哈马群岛安得罗斯岛的南端一个名叫克里基茨的地方。我们总算可以登陆，短暂地休息一下了。

当天下午，在十三个黑人船员的协助下，我们彻底地检查和清理了小船。这些黑人操着古怪的语言，根本听不懂，但是手势语是通用的，所以我们很快就达成了交易。作为酬劳，我们给了他们一些猪肉罐头和一个手风琴。我这辈子再也不想听到手风琴的声音了——尽管我已经疲惫到了极点，但依然翻来覆去睡不着，因为刺耳的手风琴声使得我根本无法入眠。

次日下午，当我们向西航行时，被检疫官扣押了起来并关到豪格岛上。他们怀疑我们得了古巴黄热病。

但第二天我就设法给美国领事麦克莱恩先生带去了口信。5月10日，在他的安排下，我们获释了。5月11日，这艘“无畏号”小船驶离了码头。

航行到佛罗里达海域可就没那么幸运了。12日一整天无风，小船无法航行。直到夜晚微风吹动，我们才顺利到达基维斯特。

换乘前往华盛顿的火车

我们没有逗留，乘当晚的火车赶到塔姆帕，又在那里换乘一列火车前往华盛顿。

我们终于在预定的时间赶到了目的地。我随即向战争统帅部秘书罗塞尔·阿尔杰作了汇报。他认真听了我的讲述，并让我带着加西亚将军的部属再向迈尔斯将军报告。迈尔斯将军接到我的报告后，给统帅部写了一封信。信中说：“我建议美国第十九步兵部队的一等中尉安德鲁·罗文升为骑兵团上校副官。罗文中尉历经艰险，完成了古巴之行，在古巴起义军和加西亚将军的协助下，为政府带回了最宝贵的情报。这是一项艰巨的任务，我认为罗文中尉表现出了英勇无畏的精神和沉着机智的作风，他的事迹将成为战争史上光辉的一页。”

在我返回一天后，在迈尔斯将军的陪同下我参加了内阁会议。会议结束时我收到了麦金莱总统的贺信，他感谢我把他的愿望传达给了加西亚将军，并高度评价了我的表现。

贺信中的最后一句话是：“你完成了一项了不起的任务！”这使我第一次意识到，我完成了超出我职责范围的更多的任务。一个军人的天职就是：“不要问为什么，而是服从命令，然后去完成它。”

我已经把信送给了加西亚。

小贴士

安德鲁·萨默斯·罗文

美国军官，1881年毕业于西点军校。在美西战争中立功之后，他曾服役于菲律宾和美国其他地区，于1909年退役。1943年逝世。

古巴

故事发生于1898年，当时正值美国与西班牙为争夺古巴而爆发美西战争。

加西亚是古巴革命英雄，是古巴反抗西班牙殖民统治（1868年~1878年的十年独立战争）的起义军领导人。他因为自己的反抗活动而被捕入狱，直到1878年底才获释，但恢复自由后很快又被逮捕。1895年，他到了美国，作为古巴起义军的首领，在美西战争中发挥了重要作用。他于1898年在华盛顿去世，是与美国总统麦金莱商讨古巴事宜的委员会成员之一。

第三章

自动自发

［美］阿尔伯特·哈伯德 著

世界上绝少有这样的好事：报酬丰厚，却不承担任何责任。就大部分职位来说，报酬与你所承担的责任成正比。

——阿尔伯特·哈伯德

一　你属于上面哪一类人

有些熟悉的话，我们常常能够听到：

“现在已是午餐时间，你3点以后再打来。”

“那不是我的工作。”

“我现在太忙了。”

“那是汉曼的工作。”

“我不知道能怎样帮你。”

“你去图书馆试过了吗？”

“这件事我们现在办不了。”

“你还可以再补充一些，是吗？”

…………

一天，我到一家百货商店去买东西。到了我要去的柜台前，可是店员却把我带到了别的地方。你知道吗，在我得到自己需要的东西之前，我被店员带着在商店里走过了四个柜台。此时如果有人能打出一幅杜鲁门总统的座右铭：“责任到此，不能再推！”该是多么令人振奋啊！

别担心，在这些令人失望的话语和司空见惯的事情之外，也有一些与此相反的事例。

斯拉是一家大公司里办公室的打字员。一天同事们出去吃饭了，这时，一个董事经过斯拉的办公室时停了下来，他想找一些信件。按理说这并不是斯拉的分内工作，但是她仍然说："尽管我对这封信一无所知，但是达斯先生，让我来帮助您处理这件事情吧！我会尽快找到这封信并将它放到你的办公桌上。"当斯拉最终将董事所需要的东西放在他面前时，董事表现得格外高兴。

故事并没有就此结束。一个月后，斯拉被提拔到一个更重要的部门工作，并且工资提高了30%。猜猜是谁在其中起了作用？正是那位董事。在一次公司的管理会议上，针对一个更高职位的工作空缺，董事推荐了斯拉。

世界上绝少有这样的好事：报酬丰厚，却不需要承担任何责任。一时不负责任自是有可能，但要永远不承担责任则会让你付出巨大代价。责任从前门进来时，你却从后院偷偷溜走了，要小心，你失去的将是伴随责任而来的机会！就大部分职位来说，报酬与你所承担的责任是成正比的。

对一个成功者来说，主动要求负担更多的责任或是自动承担责任是必备的要素。即使没有人正式告知你要对某事负责，你也应该尽最大努力做好它。在你表现出胜任这一工作之后，责任和报酬自然会接踵而来。

“我没空！（I haven’t time）”，堪称英文中代价最高的几个字，这几个字可能会使你付出数倍的代价。没有空，就能因此放弃和家人相处的快乐？没有空，就能对那些日益严重的错误视而不见？没有空，就能放任身体对休息和运动的需要？不论何种情况，不要让“没有空”成为阻碍你获得幸福的借口。

有两种人永远落后于别人：一种是只做被要求的工作，另一种是做不好被要求的工作。很难说哪一种更令人失望，但是归根究底，他们都会是第一个被裁掉的人，或是在一个乏味低下的工作岗位上穷其一生。

根据上面提到的任何一种理念做事，也许你可以躲过一时，却永无成功之日。在前工业时代，尽管需要听命行事的能力，但主动进取的个人也更受欢迎。对于下一步的行动有所决定，就应该立刻行动起来，无需等到别人交代。在你对公司的战略规划和自己的工作职责清楚了解之后，就能预知到该做些什么，然后立即着手！

有一种东西，人们给予了它盛大的褒奖，不只是钱，还有荣誉，那就是自动自发的精神。何为自动自发的精神？自动自发的人就是在无人告知的情况下主动积极完成工作的人，也就是指那些能把信带给加西亚的人。那些把信送给加西亚的人获得了极高的荣誉，尽管有时他们的报酬并不与此成正比。

另外一些人，通常在被告知过两次后才会有所行动，这类人既得不到荣誉也得不到金钱。主动去做应该做的事情是最好的状况，当被告知时立即去做紧随其后。

还有一类人，只有在贫困无路之时才会去做事。这类人常常被漠视，也不会得到正当的报酬，他们一生中大部分时间都用来祈祷幸运之神降临。更末等的人，只有当某人在后面用劲踢他时，才不得不去做事，这种人大半辈子都辛苦工作，同时不停地抱怨运气不佳。

然而，最为严重的是这样一类人：即使某人主动告知并向他们示范，且在一旁督促他们做，他们仍然不能用心地做事。这类人总是不停地失业，在他们应得的藐视中生活。命运之神总是会很耐心地在拥挤人群的另一端等待着这类人失魂落魄。

“你，属于上面哪一类人呢？”

二　对待工作，要勤奋、认真

工作不仅仅是为了赚钱

工作固然是为了生存，但是比生存更可贵的，就是在工作中充分发掘潜能，施展才干，做那些正直而纯正的事情。如果仅仅是为了面包而工作，那么生命的价值也未免太低俗了。

有这样一些年轻人，当他们踌躇满志地离开校园时，总对自己有很高的期许，认为从事第一份工作时就应该得到重用，就应该获得优越的报酬。他们喜欢相互攀比薪水，薪水的多少似乎成了他们衡量一切的标准。实际情况是，这些初入社会的新手没有工作经验，难以承担重任，工资当然也不会很高，于是他们的怨言在不断增加。

也许在成长的过程中曾经历过或是听说过父辈和他人被老板无情解雇的事例，现在的年轻人往往较上一代人更冷酷、更严峻地看待社会，因而也就更加现实。在他们看来，我为公司工作，公司付我一份薪水，就是等价交换而已。除薪水以外，他们没有看到任何东西，在校园里编织的美好幻想逐渐破灭。渐渐失去了信心，失去了热情，在工作时总是得过且过，能少做就少做，能躲避就躲避，敷衍了事，以此来报复他们的老板。他们认为对得起自己挣的薪水就好，却从未想过是否对自己的前途有益，是否能回馈家人和朋友的期待。

这些年轻人的问题，在于不能正确地认识和理解薪水的意义。大多数人因为眼前的工资太微薄，而放弃了比工资更重要的东西，这不得不说是一个遗憾。

不为薪水而工作，因为薪水只是工作的众多报酬之一，虽然是最直接的一种，但也是最容易让人短视的。只为薪水而工作，没有更高尚的目标，这是愚蠢的人生选择，终有一天会发现，受害最深的不是别人，正是自己。

仅以薪水为奋斗目标的人无法脱离平庸的生活，也无法获得真正的成就感。虽然工资的确是人们工作时追求的东西，但是从工作中能真正获得的却不仅是装在信封中的钞票。

心理学家们发现，在达到某种程度之后金钱就不再具有诱惑力。也许你还无法达到那种境界，但如果你认真扣问内心，就会发现金钱只不过是众多报酬之一。去请教那些事业有成的人们，询问在薪水低微时，他们是否一直从事自己的工作，我相信，大多数的回答是：“是的！我没有丝毫改变，因为我热爱自己的工作。”

想要登上成功的巅峰，最正确的做法是选择一份即使薪水不多，也有热忱做下去的工作。当你真心热爱自己所从事的工作时，丰厚的薪水就会翩然而至。老板将竞相聘请你，并且提供更优厚的酬劳。

不要为薪水而工作。工作固然是为了生存，但是比生存更可贵的，就是在工作中充分发掘潜能，施展才干，做那些正直而纯正的事情。如果仅仅是为了面包而工作，那么生命的价值也未免太低俗了。

满足生存需要并不是人生的终极追求，人们还需要更高层次的需求，需要更高层次的动力驱使。不要放纵自己，告诫自己工作不仅是为挣钱——人们值得有比薪水更高的理想。

工作的质量与生活的质量息息相关。无论工资高低，在工作时竭尽全力、锐意进取，从而获得内心的安宁，通常即是事业成功者与失败者的不同之处。在工作时散漫怠惰的人，无论在哪个领域都不可能获得成功。仅仅将工作当做谋取生计的工具，这种想法本身就应该唾弃。

比薪水更重要的是成长

总是在琢磨自己到底该拿多少薪水的人，又怎么能看到工作所带来的成长机会呢？他又怎么能认识到通过工作获得的技能和经验，对自己的未来将会产生多大的影响呢？

为薪水而工作，看起来目标明确，但却是被眼前利益遮蔽了心智的行为，使我们看不清未来发展的道路。

那些因为工资微薄而对工作不尽心的人，固然损害了老板的利益，但是这样的境况日复一日，无异于浪费自己的生命，断送自己的希望，最终只能庸碌无为地度过狭隘的一生。他们将自己的才能淹没，将自己的创造力抛弃。

面对微薄的工资时，你应当懂得，老板给予你的工作报酬固然是金钱，但你在工作中能获得其余的报酬，其价值比金钱要高出千万倍，那就是宝贵的经验、良好的培训、才能的展现和品格的完善。一份工作给予你的，要比你为之付出的多得多。将工作看做学习经验的积累过程，那么，每一项工作中都包含着个人成长的机会。

让我诚恳地告诉你们，当初入社会时，年轻人，不要过多考虑工资的多少，而应该重视工作本身带给你们的回馈。例如提升自身的技能，增加个人的社会经验，完善独特的人格魅力……微薄的薪水与你通过工作获得的技能与经验相比，显得是那么微不足道。要记住，老板支付给你的是金钱，而你赋予自己的则是受益终身的黄金。

能力比金钱重要万倍，因为它不会遗失也不会被偷盗。仔细观察那些成功人士，你会发现他们并非始终位于成功的顶峰，跌宕起伏的人生有多少次攀上顶峰又坠落谷底，但始终伴随他们左右的，唯有能力。正是能力帮助他们失而复得，笑看人生。

对于杰出人士所具有的创造力、决策力以及敏锐的洞察力，不必去羡慕，因为这些并非与生俱来的天赋，在长期工作中也可以积累和学习到。在长久的工作中，他们更加了解自我，积极发现自我，最终使自己的潜力得到充分发挥。

不为工资而工作，因为工作所给予你的要比你为它付出的更多。努力工作，不断进步，良好的、没有污点的人生记录将为你在公司甚至整个工作领域赢得一个好名声，良好的声誉将使你受惠一生。

工作时总有些人喜欢“忙里偷闲”，要么是迟到、早退，要么是与人闲聊，要么是借出差之际游山玩水……或许这些人并未因此被减薪或解雇，但会得到负面的评价，也无法获得提升。到了他们想另投别处时，会发现其他人也对他们缺乏兴趣。

总是在琢磨自己到底该拿多少薪水的人，又怎么能看到工作所带来的成长机会呢？他又怎么能认识到通过工作获得的技能和经验，对自己的未来将会产生多大的影响呢？将自己有意无意中装在有限的薪水信封里的人，永远也不能知道自己真正需要关注什么。

有所为必有所获的因果法

别向任何人，就算是你最要好的朋友抱怨有关你的职位或薪资，因为你说出来的话总是会传到老板耳朵里。而且，这样的做法于你在工作上的成长以及其他方面的成长绝对无益。

人生有一条法则，就是人们通常所说的“有所为必有所获”的因果法。

判断一个人的品行，有时候通过这个人的工作态度就可见一斑。如果他在工作的任何时间都能够全力以赴，从不敷衍了事、偷工减料，那么就算他目前的工资微薄，在不久的未来也一定有所改善。

大多数老板都希望自己的企业能够吸引那些极其富有才干的员工，他们制定了完善的晋升制度和激励机制。根据每个员工的工作态度、努力程度和业绩评估决定是否晋升和加薪。但凡在工作中尽职尽责、坚持不懈的人，终会等到获得晋升的那一天，到了那时他们的工资自然会随之提高。

但是，精明而敏锐的老板们在鼓励员工时很少会说："好好干，干得好我会给你加薪的。"他们一般都会这么说："好好干吧，把你的潜力大大地发挥出来，会有更多更好的机会在等着你呢！"其实，与责任和机会一起带来的，自然是工资的提高。

千万不要担心自己的努力会白白浪费。当你尽心尽力地工作时，相信你的老板已经在旁边悄悄关注到了你的一举一动。记住：在你担心该如何多赚一些钱之前，更多地花心思去想想如何把工作做得更好。这样一来，你基本上就不需要为钱多钱少而担忧了。别试图绞尽脑汁说服你的老板，让他接受给你加薪的理由。心甘情愿地贡献自己应该在工作上付出的时间和精力，在你所遇到的每一份工作中竭尽所能，你会发现，最终你的薪资报酬在一步一步提升。

卡罗·道恩斯最初是一名普通的银行职员，后来他受聘于一家汽车公司。在努力工作了6个月之后，他想试试是否有提升的机会，于是有一天直接写信向老板杜兰特毛遂自荐。老板给他的答复是："任命你负责监督新厂机器设备的安装工作，但是并不因此保证加薪。"

道恩斯从来没有受过任何关于工程方面的训练，他压根就看不懂图纸。但是，他心里不愿意放弃这个机会。于是，他想出了一个办法，自己花钱找到一些专业的技术人员顺利完成了安装工作，最重要的是，他提前整整一个星期完成了任务。结果，他不但获得了老板的赏识和提升，而且工资也一下增加了10倍。

老板后来告诉他说："我知道你看不懂图纸，但如果你只是借一个理由推掉这项工作，我可能会让你走人。"后来，成为千万富翁的道恩斯退休后担任南方政府联盟的顾问，他的年薪只有象征性的1美元，但是他仍然为了这份职责而不遗余力，乐此不疲。因为"不为工资而工作"，早已经成为他的一种行为习惯和人生态度。

一般情况下，一些原本职位卑微工资颇少的人，忽然间一下被提升到一个相对重要的位置，似乎会让许多人觉得莫名其妙，并且整件事情都会遭到人们的质疑。但事实是，这些人，从他们拿着微薄的工资时起，他们就没有放弃过努力，并且始终保持一种尽善尽美的工作态度。无论在何种境地，他们都满怀希望和热情地朝着自己的理想去努力，在尽力的过程中获得了丰富的经验和信心，而这些正是他们获得晋升的真正原因。

如果你做每一件工作都是那么不计报酬地投入，热忱而友善，那么，你就把自己跟那些花费大部分时间计较报酬、福利、工资和下班时间的人区分开来了。

记住：别向任何人，就算是你最要好的朋友抱怨有关你的职位或薪资，因为你说出来的话总是会传到老板耳朵里。而且，这样的做法于你在工作上的成长以及其他方面的成长绝对无益。

智慧看待得失，不要斤斤计较

当你在付出自己的努力时，一定要懂得耐心等待，等待自己的成长和丰富，等待他人的信任和赏识。总有一天，你能得到重用，能向更远的目标冲锋。

话又说回来，如果我们发现自己的老板并不是一个想象中的有心人，也就是说他并没有注意到我们所付出的努力，更没有给予我们与之相应的回报。那么，也请不要懊丧。我们可以从一个更加长远的角度来思考：因为现在的努力不是为了现在有回报，而是为了未来有收获。我们投身于商业是为了自己，是为自己而工作，当然，我们的工作也使别人受益。人生并不是只有现在，我们有更长远的未来。固然，多挣些工资是现实的需要，但从长远来看，这只是个短期的小问题，最重要的是获得丰富的经验，以赢得不断晋升的机会，为将来获得更多的收入夯实基础。何况，生存问题需要通过发展来解决，如果鼠目寸光，眼光只盯着温饱，得到的便永远只有温饱。

在工场手工业时代，男孩们为了掌握一门手艺常常拜师学艺很多年，却无法拿到一分钱的薪水，但他们对此毫无怨言，因为他们知道自己要什么。可是现在的年轻人在学本事的同时还可以拿薪水，反而还抱怨不已。究其原因在于两者对于工资看法不同，但更深的原因在于两者看问题的角度大相径庭。在手工业时代的男孩和家长看来，如果有一个好的学习技能和知识的机会，这种机会非常难得，他们现在的一切努力和付出都是为了未来能够开办属于自己的作坊和店铺。而现代年轻人则更注重眼下利益，赚钱的目的就是为了眼前的消费和享受。

时代变了，注重现实利益本身并没有错。问题在于现在的年轻人比较短视，不太重视个人能力的培养和积累，他们在现实利益和未来价值之间没有找到一个有效的均衡点。

一时的舍弃是为了将来更好的得到。尽管目前工资微薄，但是，我们自己应该有这样的认识：老板交付给我们的任务能够锻炼我们的意志和耐性，上司分配给我们的工作能挖掘我们的才能和潜力，与同事的合作能培养我们的人格和性情，与客户的交流能训练我们的品性和习惯。这样看来，企业是我们学习和生活的另一所学校，工作能够丰富我们的思想，增添我们的智慧。

举例来讲，我们都知道俾斯麦，别的方面姑且不谈，但在这一点上，他有非常值得我们学习的地方。俾斯麦当初在德国驻俄外交部工作时，工资很低，但他却从来没有因为自己的低薪水而放弃工作。事实证明，在那里他学到了很多外交技巧，也锻炼了自身的决策能力，这一切对他后来的政治生涯影响深远。

其实，许多商界名人在开始工作时收入都不高，但是他们与常人的不同之处在于，他们从来没有将眼光局限于此，而是始终不渝地努力工作。想想看，最后当他们在事业上功成名就之时，我们又如何衡量他们收入的多少呢！

因此我们在工作时，要时刻告诫自己：我现在的努力是为了自己的现在和将来。无论你现在的薪水是多还是少，都要清楚地明白，那只是你从工作中获得的一小部分。不要把太多精力和时间用来抱怨你的薪水，而应该花大笔的时间去接受新的知识，培养自己的能力，展现自己的才华，因为只有这些东西才是你真正拥有的无价之宝。在你未来的资产中，它们的价值比重远远超过了现在所积累的货币资产。当你从一个没有经验的新手、一个无知的员工成长为一个熟练的、高效的管理者时，你实际上已经大有收获了。当你在其他公司甚至自己独立创业时，充分发挥这些积累而来的才干和经验，你会发现你获得了更高的回报。

不可否认，你的老板可以控制你的薪水。可是，只要你愿意，他无法遮住你的眼睛，捂上你的耳朵，阻止你去思考、去学习。换句话讲，他无法阻止你为将来所付出的代价，也无法剥夺你因此代价而得到的回报。

许多员工总是在为自己的懒惰和无知寻找理由。有人说老板对他们的能力和成果视而不见，有人会说老板太吝啬，付出再多也得不到相应的回报……在抱怨的时候，他们忘记了没有任何人一开始工作就能发挥全部潜能，就可以出色地完成每一项任务。这就说明，很少有人一开始就能拿到很高的薪水。因此，当你在付出自己的努力时，一定要懂得耐心等待，等待自己的成长和丰富，等待他人的信任和赏识。总有一天，你能得到重用，能向更远的目标冲锋。

所以，如果在工作中遭遇挫折，如果你认为自己的薪水太低，如果你发现一个不如你有才干的人成为你的上司，也千万不要气馁。因为谁也无法抢走你拥有的无形资产——你的品格、你的态度、你的技能、你的经验、你的决心和信心，而这一切最终都会带给你丰盛的回报。

不要对自己说："既然老板给的少，我就天经地义地要干得少，没必要费心地去完成每一个任务。"也不要因为自己挣得钱少，就安慰自己说："算了，我技不如人，能拿到这些薪水就知足了。"消极的思想、不是事实本身的自我否定，会让你看不见自己的潜力，会让你失去前进的动力和信心，会让你放弃很多宝贵的机会，最终使你与工作上的成功失之交臂，辜负了上帝赐给你的天赋。

也许我们无法命令老板做什么，但是我们在做事的过程中却可以让自己按照最佳的方式行事；也许老板不是很有风度，但是我们应该要求自己做事时有原则。因为别人的错误而惩罚自己，这是非常愚蠢的。千万不要因为老板的缺点而不努力工作，从而埋没了自己的才华，毁了自己的未来。总之，不论你的老板有多尖酸苛刻，你都不能以此为由而放弃自己要走的路程。

试比较两个具有相同背景的年轻人。一个热情主动、积极进取，对自己的工作总是精益求精，总是为公司的利益着想，而另一个总是嫌自己的工资太低，总是喜欢投机取巧，总是把自己的利益放在第一位。试想：如果你是老板，你会雇佣谁？或者说，你会给他们哪一个更多的发展和晋升的机会呢？

的确，世界上大多数人都在为工资而工作，工资是他们的主人，他们是工资的奴隶。如果你能不为工资而工作，你能持守自己在工作上应有的本分，你就超越了芸芸众生，迈出了奔向丰盛成就的第一步。

无论何时都不要贬低自己的工作

如果一个人轻视自己的工作，把它当成和别人眼中一样的低贱之事，那么他绝不会认真工作，也对自己缺乏必要的尊敬。

无论你贵为君主还是身为平民，无论你是男还是女，是老还是少，都不要看不起自己的工作。如果你认为自己的劳动是卑贱不如人的，那你就犯了一个巨大的错误，因为事实不是这样。

罗马一位演说家曾经说："所有手工劳动都是卑贱的职业。"从此，罗马的辉煌历史就成了过眼云烟。亚里士多德也曾说过一句让古希腊人蒙羞的话："一个城市要想管理得好，就不该让工匠成为自由人。那些人是不可能拥有美德的。他们天生就是奴隶。"

很可惜的是，今天同样有许多人认为自己所从事的工作是卑贱的、是低人一等的。他们身在其中，只是迫于生活的压力而劳动，却无法认识到其价值之宝贵。一个轻视自己所从事的工作的人，自然无法乐于投入全部身心。于是他们在工作中敷衍塞责、得过且过，将大部分心思用在如何摆脱现在的工作环境上。我们相信，这样的人在任何地方都不会有所成就。

在这个世界上所有正当合法的工作都是值得尊敬的。只要你诚实地劳动和创造，没有人能够贬低你和你所从事的工作的价值，关键在于你如何看待自己的工作。那些只知道要求高薪，却不知道自己应承担责任的人，无论对自己还是对老板，都是没有价值的。但奇怪的是，世界上到处是这样的人。

也许某些行业中的某些工作看起来并不高雅，工作环境也很差，从而无法得到社会的承认。但是，请你不要无视这样一个事实：有用，才是衡量伟大的真正尺度。在当今许多年轻人看来，公务员、银行职员或者大公司白领才称得上是光鲜体面的人。很多人甚至宁愿等待漫长的一段时间，目标是去谋求一个公务员的职位。但是，要知道，同样的时间他完全可以通过努力，在现实的工作中找到自己的位置，并且发现自己的价值所在。

工作本身没有贵贱之分，但是，人们对待工作的态度却有高低之别。一个人是否能做好事情，只要看他对待工作的态度就略知一二。而一个人的工作态度，又与他本人的品格性情和成熟度有着密切的关系。一个人对待工作的态度，几乎反映了他在这个阶段对待生命的态度。虽然一个人的职业只不过是他生命的一个部分，但是，通过一个人的工作态度，在某种程度上，就对那个人现阶段的人生状态有了一定了解。

如果一个人轻视自己的工作，把它当成和别人眼中一样是低贱的事情，那么他绝不会认真工作，也对自己缺乏必要的尊敬。因为看不起自己的工作，没有认同感，所以倍感工作艰辛、烦闷，工作自然也不会做好。当今社会崇尚快速致富，许多人不尊重自己的工作，不把工作看成是使自己成长的工具，是创造一番事业的必由之路，而仅仅将它视为衣食住行的供给来源。他们认为工作是生活的代价，自己在这件事情上完全被动。工作是无可奈何的、不可避免的劳碌，这是多么错误的观念啊！

其实，往往是一些被动适应生活的人，他们看不起自己的工作，他们不愿意奋力崛起，努力改善自己的生存环境。对于他们来说，好像公务员更体面，更有权威性；他们不喜欢商业和服务业，不喜欢体力劳动，自认为应该活得更加轻松，应该有一个更好的职位，工作时间更自由。他们总是固执地认为自己在某些方面更有优势，会有更广泛的前途，但事实上并非如此。你会发现，问题不在于他处在什么位置，而在于他自己的价值观健不健全。

那些看不起自己工作的人，实际上是人生的懦夫。他们有所不知，与轻松体面的公务员相比，商业和服务业其实需要付出更艰辛的劳动，需要更实际的能力。当人们害怕挑战时，就会找出许多借口和理由避免被挑战，久而久之就失去了战斗力和进取心。这些人在学生时代可能就非常懒散，一旦通过了考试，便将书本抛到一边，并且就此以为走上了人生的坦途。他们对于什么是理想的工作，有许多错误的认识（如果说他们对于工作还存有什么理想的话）。莱伯特对这种人曾提出过警告："如果人们只追求高薪与政府职位，是非常危险的。它说明这个民族的独立精神已经枯竭；或者说得更严重些 ，一个国家的国民如果只是苦心孤诣地追求这些职位，会使整个民族像奴隶一般地生活。"

天生我材必有用，只想轻松过活会给我们带来巨大的不幸。有些年轻人使用自己的天赋来创造美好的事物，为别人和社会作出了贡献；另外有些人成天怨天尤人，缩手缩脚，浪费了天生的资质，到了晚年只能望天抱憾。上帝给了每一个人应有的价值，我们本来都可以创造辉煌的人生，结果却因为对自己认识不够，与成功失之交臂，这样的结果不能不说是一个巨大的遗憾。一个农夫，既有可能成为华盛顿之类的人物，也可能终日在田间晒太阳，晃晃荡荡一直到老。

工作中每一件事都值得我们全神贯注

无论幸运与否，每个人都必须从工作本身能够创造的益处去理解和持守工作的价值，这样才能保持个性的独立。

每一件对人对己有益的事都值得我们去做，而且都应该用心去做。

卢浮宫收藏着莫奈的一幅画，描绘的是女修道院厨房的情景。画面上正在辛勤工作的不是普通的人，而是天使。一个天使正在架水壶烧水，一个天使正优雅地提起水桶，另外一个穿着厨衣的天使正伸手去拿盘子——你看，即使日常生活中最平凡、最不起眼的事，也值得天使们全神贯注、一心一意地去做。

行为本身并不能表明其自身的属性，它的意义蕴涵于我们行动时的精神状态。工作是否单调乏味，往往取决于我们做它时的心境。

人生的目标价值贯穿于我们的整个生命，正是你在工作中所持的态度，使你与周围的人区别开来。日出日落、潮涨潮落，它们或者使你心胸更开阔，或者更狭隘，或者使你的工作变得更加高尚，或者使它变得更加鄙俗。

我们不知道，其实每一件事情对人生都具有十分重大的意义。你是砖石工或是泥瓦匠吗？那么，你可曾在砖块和砂浆之中看出诗意？你是图书管理员吗？经过辛勤劳动，在整理书籍的缝隙，你是否感觉到自己已经更加耐得住寂寞了？你是学校的老师吗？是否对按部就班的教学工作感到厌倦，还是一见到自己的学生，你就变得非常有成就感，所有的烦恼都抛到了九霄云外了？

如果只从他人的眼光来评估我们自己的工作，或者仅用世俗的标准来衡量我们手头的工作，你会发现你的工作是毫无生气、单调乏味的，仿佛没有任何意义，没有任何吸引力和价值可言。这就好比我们从外面观察一个大教堂的窗户。从外面看，大教堂的窗户布满了灰尘，仿佛光华已逝，只剩下单调、破败和灰暗。但是，一旦我们跨过门槛，走进教堂，立刻就看见绚烂的色彩、清晰的线条。金色的阳光穿过窗户在奔腾跳跃，形成了一幅幅美丽的图画。

我们可以由此得到这样的启示：人们因为自身的有限，看待问题的方法是有局限的，我们常常只看到事情的某个方面，但要想对事情有相对全面的认识，我们必须从内部去观察才能看到事物真正的本质。有些工作只从表象看也许索然无味，只有深入其中，才可能认识到其意义所在。因此，无论幸运与否，每个人都必须从工作本身能够创造的益处去理解和持守工作的价值，这样才能保持个性的独立。

记住，每一件事都值得我们去做。不要小看自己所做的每一件事，即便是最普通的事，也应该全力以赴、尽职尽责地去完成。一步一个脚印地向上攀登，便不会轻易跌落，这是一个人成长的必经之路。通过工作获得真正的力量的秘诀就蕴藏在其中。

工作的真谛不是卖命，而是人生的另一种乐趣

成功者乐于工作，并且能将这份喜悦传递给他人，吸引大家不由自主地接近他们，心醉于与他们相处或共事。

即使你的处境再不如人意，也不应该厌恶自己的工作，你

告诉自己，世界上再也找不出比这更糟糕的事情了。如果环境迫使你不得不做一些令人乏味的工作，你就应该想方设法使之充满乐趣和欢乐。以这种积极的态度投入工作，无论做什么，都很容易取得良好的效果。最重要的是，你在这个过程中学会了忍耐、老练以及期盼。

工作，对人而言，只是用来造就我们生命的一个工具。通过工作，人可以学习；通过工作，人可以获取经验、知识和信心。你对工作投入的热情越多，决心越大，工作效率就越高。当你抱有这样的热情时，上班就不再是一件苦差事，工作就变成一种乐趣，慢慢地，你会感染周围的人。最终就会有许多人因为你的热情，因为你的敬业，愿意聘请你来做你所喜欢的事。工作是为了自己更快乐，它是人生的一件礼物。如果你每天工作八小时，就等于在快乐地游泳，这是一个多么合算的事情啊！

我见过许多在大公司工作的员工，他们拥有渊博的知识，受过专业的训练，他们朝九晚五穿行在写字楼里，有一份令人羡慕的工作，拿一份不菲的工资，但是我知道，他们并不快乐。他们其实是一群孤独的人，不喜欢与人交流，不喜欢星期一；他们视工作如紧箍咒，他们工作，仅仅是为了生存而不得不做；他们长期精神紧张，压力繁重，未老先衰，并且很多人患胃溃疡和神经官能症。是的，他们的健康真是令人担忧。

当你在乐趣中工作的时候，就该爱你所选，不轻言变动。如果你开始觉得压力越来越大，情绪越来越紧张 ，在工作中无法感受到乐趣，没有喜悦与满足感，就说明有些事情不对劲了。这时你要停下来检视一下，不对劲的也许不是工作本身，很有可能是我们看待工作的态度出现了问题。如果我们不从心理上调整自己，即使换一万份工作，那种压力感也不会有所改观。

如果能以精益求精的态度、火焰一般的热忱，充分发挥自己的特长，清楚自己的工作能够带给别人益处，并且欢快地投入其中。那么，不论做什么样的工作，你都不会觉得辛劳，反而会饶有兴致。如果我们能以满腔的热忱去做最平凡的工作，你会发现你照样也能成为最精巧的艺术家；相反，对于最不平凡的工作，如果你以毫无热情的态度去做，你也绝不可能成为艺术家。因此，各行各业都有施展才能的机会，实在没有哪一项工作是可以被藐视的。

如果一个人长期鄙视、厌恶自己的工作，那么，他必遭失败与挫折。引导一个人在工作上成功的磁石，不是对工作的鄙视与厌恶，而是真挚、乐观的敬业精神和百折不挠的毅力。

无论你的工作是怎样被别人视作卑微，你都当付之以艺术家的精神，当付出十二分的热忱。你知道自己没有劳碌辛苦的感受，你也知道自己没有厌恶鄙弃的感受。随着时间的推移，你会从平庸的境况中脱颖而出。我常常听到一些刚刚毕业的大学生抱怨自己所学的专业，于是我试着向他们提出这样的问题：如果你所学的专业与个人的志趣南辕北辙，那么，当初为什么会选择它呢？如果已经为你的专业付出了四年的时光甚至更多的时间，这说明你对自己专业虽然谈不上热爱，但至少可以忍受。那么，为什么不朝积极的方向去行动呢？

仔细想想，所有的抱怨不过是逃避责任的借口，无论对自己还是社会都是不负责任的。看一下亨利·凯撒——一个真正成功的人，不仅因为冠以其名的公司拥有数十亿美元以上的资产，更是由于他的慷慨和仁慈这些宝贵的品格，使许多哑巴开口说话，使许多跛者过上了正常人的生活，使穷人以低廉的费用得到了医疗保障……所有这一切都是凯撒的母亲在他的心田里所播下的种子生长出来的果子。

玛丽·凯撒给了她的儿子亨利无价的礼物——教他如何应用人生最伟大的价值。玛丽在工作一天之后，总要花一段时间去做义务保姆工作，帮助一些不幸的人们。她常常对儿子说：“亨利，不工作就不可能完成任何事情。我没有什么可留给你的，只有一份无价的礼物：工作的欢乐。”

凯撒说：“我的母亲最先教给我对人的热爱和为他人服务的重要性。她常常说，热爱他人和为他人服务是人生中最有价值的事。”

如果你掌握了这样一条积极的法则，如果你将个人志向和自己的工作结合在一起，那么，你的工作将不会辛苦和单调。兴趣会使你的整个身体充满活力，使你在睡眠时间不到平时的一半、工作量增加两三倍的情况下，也不会觉得疲劳。当然，我们不鼓励一个人长期地为了工作而透支健康。

请相信，工作绝不仅仅是为了满足生存的需要，它是实现个人人生价值的需要。一个人总不能无所事事地终老一生，应该试着将自己的爱好与所从事的工作结合起来，满足自己需要的同时为别人贡献自己的力量。无论做什么，都要乐在其中，而且要真诚热爱自己所做的事。

成功者乐于工作，并且能将这份喜悦传递给他人，吸引大家不由自主地接近他们，心醉于与他们相处或共事。工作是人生中很有意义的一件事，与同事相处是一种缘分，与顾客、生意伙伴见面是一种乐趣。

罗斯·金说：“只有通过工作，才能保证精神的健康；在工作中进行思考，工作才是件快乐的事。两者密不可分。”

懒惰会对心灵造成严重伤害

抱怨老板的苛刻，虚度工作时的光阴，最终受伤害最深的却是自己。与其花费大量精力思考如何逃避工作，不如花费相同的精力去努力完成工作。

没有天生的懒人，人总是期望有事可做。懒惰的人如果不是因为病了，就是因为还没找到最喜爱的工作。那些从病中痊愈的人，总是盼望能下床四处走动，最好尽快回到工作岗位上去做事——哪怕是做任何事都可以。

懈怠一定会引起无聊，无聊必定会导致进一步的懒散。相反，工作可以大大引发一个人的价值感和兴趣，而兴趣则促成热忱和进取心。

克莱门特·斯通曾说："理智无法支配情绪，相反行动才能改变情绪。"选定你最擅长、最乐意投入的事，然后真诚地全力以赴付诸行动!

许多人之所以不努力工作，是因为都抱有这样一种想法，他们理直气壮地说："我的老板太苛刻了，根本不值得如此勤奋地为他工作。"然而，他们忽略了一件重要的事情：工作时虚度光阴的确会伤害他们的老板，但受伤害最深的是他们自己。一些人花费大量精力来逃避工作，却丝毫不愿花相同的精力去努力完成工作。他们认为自己骗得过老板，并因此找回一些所谓的内心平衡。其实，他们愚弄的不过是自己。老板或许并不十分知晓每个员工的具体表现，也不熟知每份工作的细节，但是一位优秀的管理者心里很清楚，努力最终带来的结果是什么，因为很多时候会有所体现。我们可以肯定的是，升迁和奖励是不会落在玩世不恭的人身上的。

如果保持勤奋的工作态度是你一贯的做法，你一定会被别人发现和察觉，你将得到相称的赞许和钦佩，你也一定会赢得老板的赏识和器重，同时也会获取一份最可贵的资产——信心，对自己所拥有的才能可以赢得一个人或者一个机构重视的信心。

懒惰不但会吞噬人心灵的活力，还会使心灵对那些勤奋之人充满了嫉妒，而不是敬重。

思想贫乏的人、愚蠢的人和慵懒的人只注重事物的表象，无法看透事物的本质。他们通常认为别人的成绩是运气使然。他们只相信运气、机缘、天命之类的东西。看到人家发财了，他们会说："那是幸运！"看到他人知识渊博、聪明机智，他们就说："那是天分。"发现有人德高望重、影响广泛，他们就说："那是机缘。"他们的表现实在让人失望。

他们不曾亲眼目睹那些人在实现理想过程中所经受的挑战与挫折；他们对黑暗与痛苦视而不见，最后的光明与喜悦才是他们注意的焦点；他们故意不明白没有付出非凡的代价，没有坚持不懈的努力，没有克服重重困难的经历，所有看起来光荣而闪耀的成绩是根本无法实现的。

有一条道理我们心里一定要清楚，否则总是有人对生命抱定侥幸心理。这个道理就是：任何人都要经过不懈努力才能有所收获。收获的成果取决于这个人努力的程度，世界上没有机缘巧合成就一个懒散人这样的事存在。

避免拖拉和逃避对成长意义非凡

拖延，也是对惰性的纵容，一旦形成习惯，就会残忍地消磨人的意志，使你对自己越来越失去信心。尽力避免以各种借口来拖延工作。

通常，懒惰之人的一个重要特征就是凡事拖沓。把前天该完成的事情拖延敷衍到后天，这是一种破坏力很强的工作习惯。对一位渴望有不凡成绩的人来说，拖延最具破坏性，也是最危险的恶习，它使你丧失进取心。一旦在开始的时候遇事推托，就非常容易在下一件事情上再次拖延，直到在不知不觉间变成一种你品质里面根深蒂固的习惯。改变拖拉的唯一良方就是行动。当你开始着手做事——任何事，你会很快惊讶地发现，自己的处境正在迅速改变。

如果仔细观察，习惯拖延的人都通常也是制造借口与托辞的专家。一旦你存心拖延逃避，你一定不发愁找出成千上万理由来辩解为什么事情无法完成，而对于事情应该完成的理由却说得少之又少，好像真的有一只看不见的手在阻碍你行事。与"只要我们更努力、更聪明、信心更强，就能完成任何事"这些积极的念头相比，把"事情太困难、太昂贵、太花时间"等种种借口合理化的念头要容易很多。

这类人喜欢承诺、又无法兑现承诺，只想找借口。当你发现自己经常为没做某事而制造借口，或是想出千百个理由为事情未能按计划实施而奋力辩解，那么，是时候要好好自我反省一番了。告诫自己，别再做一些无谓的解释了，动手做事吧！

拖延是对生命的挥霍。拖延在人们日常生活中司空见惯，如果你将一天时间记录下来，就会惊讶地发现，拖延正在不知不觉地消耗着我们的生命。我们大部分的时间都在指间流逝掉。

拖延，说白了，是人的惰性在作怪，每当我们要付出劳动或者要做出选择时，我们总会为自己找出一些高雅的借口来安慰自己，目的是让自己轻松些、舒服些。区别是有些人能在瞬间果断地战胜惰性，积极主动地面对挑战；而有些人却深陷于“激战”泥潭，被肉体的软弱和灵魂的志向拉来拉去，以至于一段时间内都不知所措，无法定夺……是的，时间就这样一分一秒地浪费了。

大概每个人都有这样的经历，清晨闹钟将你从睡梦中惊醒，你一边惦记着自己所订的计划，同时却感受着被窝里的温暖和舒适；一边不断地对自己说该起床了，该起床了，一边又不断地给自己寻找借口——再等一会儿，再等一会儿。于是，在忐忑不安和几次三番的争斗中，又躺了五分钟，甚至十分钟……

拖延，也是对惰性的纵容，一旦形成习惯，就会残忍地消磨人的意志，使你对自己越来越失去信心，你怀疑自己的毅力，怀疑自己的目标，甚至最终发现一件可怕的事情：你的性格在你不知道的时候变得犹豫不决。

拖延，有时候并非是寻找借口，也会由于考虑过多、犹豫不决造成。

应该说适当的谨慎是必要的，但过于谨慎难免导致优柔寡断，何况诸如早上起床这样的事是没必要做任何挣扎的。我们需要想尽一切办法不去拖延，在决定要做一件事的同时，立即动手，绝不给自己留一秒钟的思考余地，当然，事先规划肯定要有。千万不能让自己拉开和惰性开仗的架势——对付惰性最好的办法就是根本不给惰性机会。有一个规律：往往在事情的开端，总是积极的想法先有，然后当头脑中冒出“我是不是可以……”这样的问题时，惰性就出征了，“战争”也就开始了。我们都有这样的经验，一旦开仗，结果就难说了。所以，要在积极的想法一出现时，就马上行动，让惰性没有乘虚而入的可能。道理并不深奥，只是做起来真的不容易。

《圣经》上说：“立志行善由得我，只是行出来由不得我。”看来，人们如此善于找借口，却无法将工作做好，是一件非常奇怪又非常正常的事。对于一天到晚想着如何欺瞒和敷衍过关的人，能将这些精力及创意的一半用到正途上，他们就有可能取得巨大的成就。

想尽一切办法克服拖延的习惯，将其从自己的个性中根除。这种把你应该在上星期、去年甚至十几年前该做的事情拖到明天去做的习惯，正在啃噬你的意志，除非你革除了这种坏习惯，否则你将难以取得任何成就。有许多方法可以克服这种恶习：

第一，每天从事一件明确的工作，而且不必等待别人的指示就能够主动去完成；

第二，到处寻找，每天至少找出一件对其他人有价值的事情，而且不期望获得报酬；

第三，每天要将养成这种主动工作习惯的价值告诉别人，至少要告诉一个人。

如果你这样做了，你会有令人吃惊的发现。

下定决心永远以积极的心态做事

那些习惯于勤奋而忙碌的人，能将事情快速而圆满地完成。忙碌的人不肯拖延，就是因为他们觉得生活正如莱特形容的那样，不进则退，就算是退，也无处可退。

任何时候当你感到推拖的恶习正悄悄地向你靠近，或者当此恶习已迅速缠上你使你动弹不得时，你都需要用这句话提醒自己：现在就动手做吧！这句话是一个最惊人的自动启动器。

总有很多事情需要去做，如果你正受到怠惰的钳制，不妨就从碰见的任何一件事着手去做。是什么事并不重要，重要的是，你在此刻突破了自己无所事事的恶习。或者从另一个方面讲，如果你想规避某项杂务，那么你就从这项杂务着手去干，而且要立即进行。不然又能如何呢？事情仍旧放在老地方，它会不断地困扰你，使你觉得烦琐无趣而不愿意动手。

是的，当你养成“现在就动手做”的工作习惯时，你就掌握了个人进取的精义。

你工作的态度加上你工作的能力，决定了你的报酬和职务。那些工作效率高、做事多，并且乐此不疲的人，往往担任公司最重要的职务。不是你在技巧上多么聪明，而是你的态度多么有诚意和多么有智慧。当你下定决心永远以积极的心态做事时，你就朝自己的远大前程迈出了重要的一步。

一开始，你一定会觉得坚持这种态度实在不易，但最终你会经历一种奇妙的收获，你将亲眼看到这种态度已经成为你个人价值的一部分。当你体验到他人的肯定给你的工作和生活所带来的帮助时，你就会一如既往地用这种态度做事。

“骑着一辆脚踏车，不是保持平衡向前进，就是翻覆在地。”忙碌的人不肯拖延，就是因为他们觉得生活正如莱特所形容的这样，不进则退，就算是退，也无处可退。效率高的人往往限时完成自己的工作，他们事先确定好做每件事所需要的时间，并且强迫自己在预期内完成。如果你是一个工作并没有严格时间限制的人，建议你也应该经常在这方面训练自己。一旦你发现自己能在短时间内做更多的事时，你准保会惊讶不已的！

如果你希望一件事能快速而圆满地完成，那么请把它交给那些勤奋而忙碌的人吧。那些懒散的人，他们精于滥竽充数和偷工减料，他们中的大多数人并不了解自己处理事情的真正能力。他们无意也不敢迎接每天的挑战，以此来激发上帝所赐的隐藏在自己身体深处的最大潜能。我们都有这样的经验，对于一件自己感兴趣的事情，无论多么繁忙都能想方设法腾出时间去做。但是，面对那些所谓的无趣工作，我们总是轻易就搪塞和推托，甚至有意或者无意将之遗忘。你愿意成为自己想成为的那种人吗？

你应该懂得，你用什么标准衡量自己，别人就会用什么样的标准来评估你。不论做什么事，成功的关键在于我们行动之前对自己有什么样的期望，定什么样的目标。爱默生说："紧紧追踪四轮车到星球上去，要比在泥泞道上追踪蜗牛行迹更容易达到自己的目标！"

人生要想成长，就要一点一滴地奠定基础。先给自己设定一个切实可行的目标，确实达到之后，再迈向更高的目标。

请现在就动手做吧！

人生当中最义不容辞的美德

罗马人希望有朝一日能到达辉煌的巅峰，但却极力拒绝走过那些艰难且必要的梯级。最终他们尝到了失败的苦果。

“让我们勤奋工作！”这是古罗马皇帝临终前留下的遗言。当时，全体士兵都聚集在他的周围。

勤奋与功绩是罗马人的伟大箴言，也是他们能够征服世界的秘诀所在。那些从战场上凯旋归来的将军都要归乡务农。当时，从事农业生产是受罗马人尊敬的工作，罗马人之所以被人们称为优秀的农业家，其原因也正在于此。由此可见，罗马人推崇勤劳的品质，使得整个国家逐渐变得强大起来，真是一个不争的事实。

然而我们发现，当财富日益丰富，奴隶数量日益增多，辛勤劳动对于罗马变得好像不再是必要时，整个国家就开始走下坡路。因为懒惰和无为而导致人心堕落、犯罪横行、腐败滋生，这样一个有着美好传统的民族开始变得声名狼藉了。

世界上到处是一些看起来成功在即的人。在很多人的眼里，这些人能够并且应该成为这样或那样非凡的人物。但事实是，他们最终并没有出色地发挥自己的能力成为一个英雄。这其中的原因是什么呢？

我想，原因在于他们没有付出相应的责任与代价。他们的确希望有朝一日到达辉煌的巅峰，但却极力拒绝走过那些艰难且必要的梯级；他们也渴望光荣地赢得最后的胜利，但他们战兢着迟迟未加入战斗；他们盼望一切都平平顺顺，却不愿为这样的结果而遭遇任何阻力。他们尽想好事。

懒汉们常常抱怨，对自己也对别人说：我是一个没有能力让自己和家人衣食无忧的人。但勤奋的人会说：我也许没有什么特别的才能，但我能够尽己本分为自己和家人挣取面包。

古罗马时代有两座圣殿，一座是美德的圣殿，一座是荣誉的圣殿。古罗马人在安排座位时有一个顺序，就是要达到后面那座圣殿就必须先经过前者的座位。换句话说，美德是通往荣誉圣殿的必经之路，而勤奋就是诸多美德中重要的一条。

好习惯成就好品性，坏习惯塑造赖品性。一个人的品性是多年行为习惯的结果。同样的行为不断重复就会变得不由自主，变得不费吹灰之力，变得无意识的，最后变得不这样做已经不可能了，于是习性就这样慢慢养成了。

一个人的品性受思维习惯与成长经历的双重影响，我们在人生中做不同的努力也做不同的选择，或善或恶的决定，最终造成一生品性的优与劣。

有一个可怜的失业者，他为人忠厚，从不逃避工作。他渴望工作，却总是被抛弃在工作的门外。尽管他曾经努力地去尝试，结果依然是失败，如此看来，他有何善报呢？我们回首他以前的工作经历，发现尽管他曾经做过许多事情，但每遇到一件工作总是在不堪负重的时候逃避。他一直渴望过上安逸的生活，将无所事事看成是人生最大的乐趣。如今，我们看到他终于如愿以偿、梦想成真，可以无所事事地生活了，但是这个他原本渴望的“美好生活”，却是一枚苦果而非他原来所期待的。

流泪撒种的必欢呼收割。贪图安逸使人堕落，无所事事令人退化，唯有勤奋工作才让我们内心喜悦和踏实，它给人带来真正的幸福和乐趣。当这个人意识到了这一点也愿意为此付出代价，当他开始改掉自己好逸恶劳的恶习，努力去寻找一份自己力所能及的工作时，境况一定会逐渐朝人们期待的方向发展。

三　对待公司，要敬业、尽责

工作的确是人生的重要使命之一

敬业，表面上看起来受益的是公司，还有老板，但真正的受益者却是自己。

当你在任何岗位上都能够做到敬业时，就能从中学到更多的知识，积累更多的经验，在全身心投入工作的过程中找到工作的快乐。

工作，不是仅仅用来谋生而已，它是人的使命之一，是人类共同拥有和崇尚的一种精神。从世俗的角度来说，敬业就是敬重自己的工作，将工作当成自己的事，其具体表现为忠于职守、尽职尽责、认真负责、一丝不苟、善始善终。其中所蕴涵的是一种使命感和责任感。这种来自对职业的使命感和责任感在当今社会得以发扬光大，使敬业精神成为一种最基本的做人之道，也是成就事业的重要条件。

在商业社会，想在竞争中取胜的公司，必须设法激发每个员工的敬业精神。没有敬业精神的员工就无法给顾客提供高质量的服务，就难以生产出高质量的产品。推而广之，一个国家如果想立于世界之林，也必须使其人民敬业。警察应该尽职尽责为民众服务；行政官员应该勤奋思考并制订和执行政策；议员代表应该勤于问政；只有每个人做一行爱一行，才能被称为敬业的社会，有责任感的社会。

但是，无论我们走到什么地方，无论我们从事什么行业，我们总是能发现许多投机取巧、逃避责任寻找借口之人，他们不仅缺乏一种神圣使命感，而且缺乏对敬业精神世俗意义的理解。

敬业，表面上看起来受益的是公司还有老板，但真正的受益者却是自己。

当你在任何岗位上都能够做到敬业时，就能从中学到更多的知识，积累更多的经验，在全身心投入工作的过程中你能找到工作的快乐。这种习惯或许不会有立竿见影的效果，但可以肯定的是，一旦“不敬业”成为一种习惯时，其结果可想而知。工作上投机取巧也许只给你的老板带来一点点的经济损失，但是，它绝对足以毁掉你的一生。

有些人或许认为成败往往取决于运气，但我认为一个人的得与失取决于这个人的人格。一个勤奋敬业的人也许并不能获得上司的赏识，但至少可以获得他人的尊重。那些投机取巧之人即使利用某种手段暂时爬到一个高位，但他的人格往往被人藐视，这在无形中给自己的成功之路设置了障碍。对于人性的弱点而言，不劳而获也许非常有诱惑力，但很快就会付出代价，他们会失去最宝贵的资产——名誉。诚实及敬业的名声是人生最大的财富。

有一个在报社工作、颇有才华的年轻人，但他对待工作自由散漫，缺乏敬业精神。一次报社急着要发稿，他却搂着稿件回家睡大觉去了，结果影响整个报纸的出报时间。这种人永远得不到尊重和提升。人们往往会尊敬那些能力中等但尽职尽责的人，而不会尊敬一个能力出众但不负责任的人。

如果你在工作岗位上尽职尽责，你会受到尊重，也会获得更多的自尊心和自信心。不论你现在的薪水多么低，不论你的老板多么不器重你，但请相信，你忠于职守的操守是在为你积攒丰盛的明天。毫不吝惜地投入自己的精力和热情，渐渐地你会为自己的工作感到骄傲和自豪，就会赢得他人的瞩目。一个以主人和胜利者的心态去对待工作的人，工作自然而然就能做得更好。

既然工作是人生的使命之一，那么，一个对工作不负责任的人，其实也是一个缺乏自信的人，也是一个无法体会快乐真谛的人。要知道，当你将工作推给他人时，实际上也是将自己的快乐和信心转移给他人。

有一位成功学家在被问到“你觉得大学教育对于年轻人的将来是必要的吗”时，这位成功学家的回答发人深省。

他说：“单单对经商而言不是必须的。商业更需要的是敬业精神。但事实上，对于许多年轻人来说，大学教育意味着在他们应当培养全力以赴的工作精神时，被父母送进了校园。对他们而言，一旦进了大学就意味着开始了一生中最惬意最快活的时光。当他们走出校园时，正值生命的黄金时期，但此时此刻他们往往很难将自己的身心集中到工作上，结果眼睁睁地看着成功的机会从身边溜走，真是很可惜啊。”

竭尽全力做好自己的本分

如果你能认真制作出一枚别针，它应该比你能够制造出粗陋的蒸汽机赚到的钱更多。专注地做好一件事，比对很多事情都懂一点皮毛但每件事都半途而废要强得多。

我曾经看到一份英国报纸刊登一则招聘教师的广告：“工作很轻松，但要全心全意，尽职尽责。”

事实上，世界上所有的工作都应该全心全意、尽职尽责才能做好。而这正是敬业精神的基础。

我们无论从事何种职业，都应该尽心尽责，尽自己的最大努力去做好，求得不断的发展。这不仅是工作的原则，也是人生的原则。如果没有了职责和理想，生命就会变得毫无意义。无论你身居何处（即使在贫穷困苦的环境中），如果能全身心投入工作，最后就会获得不菲的回报。我们常常羡慕那些在人生中取得成就的人，但他们一定在某一特定领域里尽职尽责，进行了坚持不懈的努力。

专注专一地做好一件事情。专注地做好一件事，比对很多事情都懂一点皮毛但每件事都半途而废要强得多。一位总统在德克萨斯州一所学校演讲，他对学生们说："比其他事情更重要的是，你们需要知道怎样将一件事情做好；与其他有能力做这件事的人相比，如果你能做得更好，那么你就永远不会失业。"

一个成功的经营者说："如果你能认真制作出一枚别针，它应该比你能够制造出粗陋的蒸汽机赚到的钱更多。"

很多在工作中失意的人，都曾为一个问题而困惑不解：明明自己比他人更有能力，但是成就却远远落后于他人。请不要疑惑，也不要抱怨，应该先问问自己一些问题：

——自己是否真的走在一条不断前进的道路上?

——在工作中，自己是否像画家仔细研究画布一样，仔细研究了职业领域的各个需要注意的细节问题?

——也许是为了增加自己的知识面，也许是为了给你的老板创造更多的价值，总之，你认真阅读过专业方面的书籍吗?

——扪心自问，在自己的工作领域是否做到了尽职尽责?

以上这些问题，如果你无法做出肯定的回答，那么，你相信吗?这就是你无法取胜的原因。如果一件事情是正确的，那么就大胆而尽职地去做吧!如果你认为它是错误的，就干脆别动手。

我们常常在都市中看到一些烂尾楼。那些技术半生不熟的泥瓦工和木匠，将砖石和木料拼凑在一起来建造房屋，在这些房屋尚未售出之前，有些已经在狂风暴雨中坍塌了；术业不精的医科学生没有花更多的时间掌握医术，在手术台上做起手术来犹豫不决，使病人冒着极大的生命危险；律师在读书时不注意培养法律素养，在实践中办起案件来捉襟见肘，让当事人白白花费金钱……以上这些都是缺乏敬业精神的表现。

让这句话成为你的座右铭吧：无论从事什么职业，都应该精通它。下决心掌握自己职业领域的所有问题，使自己变得比他人更精通。如果你是工作方面的行家里手，精通自己的全部业务，就能赢得良好的声誉，也就拥有了一种潜在成功的秘密武器。迟早有一天，你会成为行业里面的排头兵和权威人士。

关于个人努力与成功之间的关系，当被问到“你是如何完成如此多的工作的”，有一位优秀的人物是这样阐释的：“我在一段时间内只会集中精力做一件事，但我会彻底做好它。”

想想看，如果你对自己的工作没有做好充分的准备，你又怎能因为自己的失误而归咎他人、抱怨环境呢？现在，最需要做到的就是专注和精通。我们观看宇宙万物：大自然要经过千百万年的进化，才长出一朵艳丽的花朵和一颗饱满的果实。但是在今天的美国，很多年轻人随便读几本法律书，就想处理一桩桩棘手的案件；或者听了两三堂医学课，就急于做外科手术——要知道，那个手术关系着一条宝贵的生命呢！

很多习惯是在少年时代无形中养成的。当你还是学生时，一旦养成了半途而废、心不在焉、懒懒散散的坏习惯，使用一些小伎俩在学业上蒙混过关，欺骗老师，当你步入社会，你就不可能出色地完成任何任务。去银行办事时总是迟到，人们会拒付他的票据；与人约会时总是延误，会让人大失所望。如果一个人认为小事情是不值得认真对待的，那么如果他想著书立说，必定漏洞百出。一些人从来不会认真地整理自己的论文和书信，所有的文稿和信件散乱地堆放在书桌上，办事时他就会缺乏条理，不讲究秩序，思维也不周密，结果是连自己最基本的立场、原则和态度都会丧失，也会失去他人对自己的信心。可见，那些不经意的小事情，那些你认为没有必要认真对待的细节，常常给人生埋下祸根。

这样的人，被认为是“恨铁不成钢”的人，会让家人和同事为他们感到深深的担忧和失望。如果不慎让这种人成为领导，将会造成更加恶劣的影响，他的下属也必定会受这种恶习的传染——当他们看到上司不是一个精益求精、细心周密的人时，往往会群起而效仿。这样一来，个体缺点转化为整体的缺陷和弱点渗透到整个事业中，不但影响公司的发展，还会连累整个社会的前进。

对于如何做好一件事情，一位先哲说过：“如果有事情必须去做，便全身心投入去做吧！”而另一位明哲则道：“不论你手边有何工作，都要尽心尽力地去做！”

做事情不能善始善终的人，究其根本，是因为他心灵上缺乏相同的特质。他无意也无力培养良好的个性，意志不坚定，无法达到自己追求的目标。一面贪图玩乐，一面又想修道，自以为可以做一个左右逢源的人，结果不但享乐与修道两头落空，还造成了不可挽回的终身悔恨。

如果我们稍加观察，就会发现做事一丝不苟能够迅速培养严谨的品格、获得超凡的智能；它既能带领普通人往好的方向前进，更能鼓励优秀的人追求更高的境界。

总之，我们无论做何事，都要竭尽全力做好自己的本分，就工作而言，它决定一个人日后事业上的成败。我们一旦领悟了全力以赴地工作能够带给人充实感和喜悦感，从而消除工作疲劳这一秘诀，我们就掌握了打开成功之门的钥匙了。处处以主动尽职的态度工作，即使从事最平庸的职业也能彰显个人的荣耀。

在“分内事”之外多做一点“分外事”

抱着“我必须为老板做什么”的想法和抱着“我能为老板做些什么”的想法，二者的工作效果会完全不同。除了忠实可靠、尽职尽责地完成分配的任务之外，还有许多事情可以做。

我们一直提倡在工作中全心全意、尽职尽责。如果你是一个渴望自我提升的人，做到了全心全意、尽职尽责还不够，假若你总是比自己分内的工作多做一点，所做的比别人期待的更多一点，你不但自己可以获得快乐和喜悦，你的表现还会吸引更多的注意，从而给自己的发展道路创造更多的机会。

关于这多做一点的事情，从义务上讲，你没有义务要做自己职责范围以外的事。但是你可以选择自愿去做，目的是驱策自己快速前进。率先主动在现代社会是一种极珍贵、备受看重的素养，它能使一个人的人格散发出馨香之气，这个人也会因此变得更加敏捷、更加积极。无论你是管理者，还是普通职员，“每天再多做一点”的工作态度能使你从竞争中脱颖而出。你的老板、委托人和顾客会关注你、信赖你，从而给你更多的机会。

不可否认，每天多做一点工作是需要付出一定的代价，也许会占用你的时间，也许会让你更加疲惫。但是，你的行为使你赢得良好的声誉，增加他人对你的需要，你会发现与你内心得到的满足感相比，代价几乎不足为道。

我们来看一个这样的例子。卡洛·道尼斯先生最初为杜兰特工作时职务很低，而他现在已成为杜兰特先生的左膀右臂，担任其下属一家公司的总裁。卡洛·道尼斯之所以能如此快速升迁，秘诀就在于“每天多干一点”。

我曾经有幸拜访道尼斯先生，当我讨教他关于成功的诀窍时，他平静而简短地道出了其中缘由，他说：“在为杜兰特先生工作之初，我就注意到，每天下班后，所有的人都回家了，但杜兰特先生仍然会留在办公室里继续工作到很晚。因此，我决定下班后也留在办公室里。是的，的确没有人要求我这样做，但我认为自己应该留下来，在需要时为杜兰特先生提供一些帮助。”

“在加班时杜兰特先生经常需要找文件、打印材料，最初这些工作都是他亲自来做，花费了他不少宝贵的时间。很快，他就发现我随时在等待他的召唤，并且他逐渐养成招呼我的习惯……”

杜兰特先生为什么会养成召唤道尼斯先生的习惯呢？当然是因为道尼斯自动留在办公室，使杜兰特先生随时可以看到他，并且诚心诚意为他服务。道尼斯这样做获得了额外的报酬吗？没有。但是，他的真诚和“多做一点”获得了更多的机会，使自己赢得老板的喜爱，最终获得了提升。

我们有几十种甚至更多的理由可以帮助你明白，你为什么应该养成“每天多做一点”的好习惯——尽管事实上很少有人这样做。其中两个原因是最主要的：

第一，在与其他人智力相差无几、能力区别不大的情况下，“每天多做一点”的好习惯，把你与周围那些尚未养成这种习惯的人区别开来，显然，你已经占据了优势。这习惯使你无论从事什么行业，都会有更多的人指名道姓地要求你提供服务。

第二，如果你希望将自己的右臂锻炼得更强壮，最直接的方法就是用它来做最艰苦和最繁重的工作。换句话，如果长期不使用你的右臂，你让它养尊处优，其结果就是，它会变得更加虚弱，甚至慢慢萎缩无力。

如果你能比分内的工作多做一点，它彰显了你自身的一种无与伦比的荣耀，额外地，它帮助你发展一种超凡的耐力、责任感，还有工作必需的一些宝贵技巧与能力，使自己具有更强大的生存力量，从而使身处困境的你也能够产生巨大的力量。这是人生永恒不变的法则。

不要总是以“这不是我分内的工作”为由来逃避多做一些事情，因为做于你有益，不做于你无益。当额外的工作分配到你头上时，不妨视之为一种机遇。社会在发展，公司在成长，个人的职责范围也随之扩大。

从一件小事做起。比如提前上班，别以为没人注意到，老板可是睁大眼睛在瞧着呢！如果能提早一点到公司，就说明你十分重视这份工作。每天提前一点到达，可以对一天的工作做个周密规划。想想看，当别人还在考虑当天该做什么时，你已经走在别人前面了！

在工作这个领域，如果你想成为一名成功人士，必须树立终身学习的观念。既要学习专业知识，也要不断拓宽自己的其他知识面，一些看似无关的知识往往会对未来起巨大作用。而“每天多做一点”则能够给你提供这样的学习机会。不要小觑它对你个人和前途的作用。

明明不是你分内的工作，而你依然认真多做了一点，我可以负责任地告诉你，这就是机会。我们常常困惑，为什么当机会来临时我们无法确认，因为机会总是乔装成“问题”的样子。当顾客、同事或者老板交给你某个难题，也许上帝正为你创造了一个珍贵的机会。对于一个优秀的员工而言，公司的组织结构如何，谁该为此问题负责，谁应该具体完成这一任务，都不是最重要的，在他心目中唯一的想法就是如何将问题解决。

如果你明白了再多做一点的意义，那么，下一次当顾客、同事和你的老板要求你提供帮助，做一些分外的事情，而不是让他人来处理时，积极地伸出援助之手吧！努力从另外一个角度来思考，譬如换一个角色，自己就是这件事的责任人，你将如何来更好地解决这些问题?

要明确一点，你每天多做一点，并非为了获得多一些的报酬，而是为了个人成长的需要。当你不计回报的时候，你往往获得的出人意料得多。

对艾伦而言，对他人生影响深远的一次职务提升是由一件小事情引起的。在一个星期六的下午，一位律师（其办公室与艾伦的同在一层楼）走进来问他，哪儿能找到一位速记员来帮忙，因为他手头有些工作必须当天完成。

艾伦告诉他公司所有速记员都去观看球赛了，如果晚来五分钟，自己也会走。但艾伦同时表示，自己愿意留下来帮助他。艾伦说："球赛随时都可以看，但是工作必须在当天完成。"

做完速记之后，律师很感谢艾伦的帮助，问他应该付他多少钱。艾伦开玩笑地回答："哦，既然是你的工作，大约1000美元吧。如果是别人的工作，我是不会收取任何费用的。"律师笑了笑，向艾伦表示谢意。

当然，我们都知道，艾伦的回答不过是一个玩笑，他并没有真正想要得到1000美元的报酬。然而出乎艾伦的意料，那位律师竟然真的这样做了。六个月之后，就在艾伦已将此事忘到了九霄云外时，律师却找到了艾伦，交给他1000美元，并且邀请艾伦到自己的公司工作，工资比现在高出1000多美元。

你瞧，在一个周六的下午，艾伦放弃了自己喜欢的球赛，仅仅多做了一点事情。他最初的动机不过是想帮助别人解决一点问题，而非任何金钱上的考虑。从责任的角度来说，艾伦不是必须要放弃自己的休息日去帮助他人，但对于艾伦来说，那是他的一种特权，一种有益的特权。它不仅为艾伦增加了1000美元的现金收入，更重要的是，他的做法赢得了别人的尊重和感谢，而且为他的工作带来了一个更好的发展机会。

还有一位成功人士曾经向我讲述自己是如何走上致富道路的。他说：“50年前，我开始踏入社会谋生。我在一家五金店找到了一份工作，每年才挣75美元。有一天，一位顾客买了一大批货物，有铲子、钳子、马鞍、盘子、水桶、箩筐等。这位顾客过几天就要结婚了，提前购买一些生活和劳动用具是当地的一种习俗。货物被堆放在一辆手推独轮车上，装了满满一车，就是让骡子拉起来也会有些吃力。送货并非我的职责，但我愿意为他提供一些帮助，我完全是出于自愿——我为自己能负责运送如此沉重的货物而感到自豪。

“一开始一切都很顺利，但是，走到半路时，车轮一不小心陷进了一个不深不浅的泥潭里，我们使尽吃奶的劲都推不动。那时正好有一位心地善良的商人驾着马车路过，他用他的马拖起了我的独轮车和货物拉到了目的地。当我仔细清点完货物的数目，一切就绪时已经很晚了，我推着独轮车艰难地返回商店。虽然有些辛苦，但我为自己的所作所为感到高兴。我并不在乎老板没有因我的额外工作而称赞我。

“但是奇妙的事情在我身上发生了。第二天，那位驾马车商人让人叫我过去。他告诉我说，他发现我工作十分努力，为客户做事认真细致，他尤其注意到我卸货时清点物品数目时的细心和专注。因此，他愿意为我提供一个年薪500美元的职位。我高兴地接受了这份工作，并且从此走上了致富之路。”

看看吧，抱着“我必须为老板做什么”的想法和抱着“我能为老板做些什么”的想法，最后所得到的结果真是大相径庭。一般人认为，忠实可靠、尽职尽责完成分配的任务就可以了，但这还远远不够，尤其是对于那些刚刚踏入社会的年轻人来说更是如此。要想取得成功，必须做得更多更好。一开始我们也许从事秘书、会计和出纳之类的事务性工作，难道我们要在这些事情上做一辈子吗？成功者除了做好本职工作以外，还需要做一些不同寻常的事情来培养自己的能力，赢得自己内心的充实，还有别人的瞩目。

如果你是一名货运管理员，也许可以在发货清单上发现一个与自己的职责无关的未被发现的错误，并帮助同事及时纠错；如果你是一个过磅员，也许可以质疑并纠正磅秤的刻度错误，以免公司遭受损失；如果你是一名邮差，除了保证信件能及时准确到达，也许可以做一些超职责范围的事情……的确，这些工作也许是专业技术人员的职责，你就是局外人而已，但是如果你做了，就等于播下了成功的种子。

我们都知道一个众所周知的因果法则，即付出多少，得到多少。也许你的投入无法立刻得到相应的回报，请你不要气馁，一如既往地多付出一点已经融入在你血液里面，你这么做的时候无需去反复思量做还是不做。真正的回报可能会在不经意间，以出人意料的方式出现，最常见的回报是晋升和加薪。除了老板以外，回报也可能来自他人，以一种间接的方式来实现。

通过对很多工作成功的人进行研究，事实反复证明了额外投入的回报原则，尤其是在这些人早期创业时，这条原则尤显重要。当他们的努力和个人价值没有得到老板的承认时，他们往往会选择独立创业，在这个过程中，早期的努力使其大受裨益。你付出的努力如同存在银行里的钱，当你需要的时候，它随时都会为你服务。付出的越多，你账户上的价值就越大。

晋升建立在忠实履行日常工作的基础上

不要常常满足于目前尚可的工作表现，要做得更好，你才能成为不可或缺的人物。如果可以选择更丰盛的生命，我们为什么总是选择平庸无为呢？

许多人都听说过一个富有深意的故事。说的是很久很久以前，一位有钱人要出门远行，临行前他把仆人们叫到一起并把财产委托他们保管。依据他们每个人的能力，他给了第一个仆人十两银子，第二个仆人五两银子，第三个仆人二两银子。拿到十两银子的仆人把它用于经商并且赚到了十两银子。同样，拿到五两银子的仆人也赚到了五两银子。但是拿到二两银子的仆人却把它埋在了土里。

过了一段时间，外出的主人回来与他们结算。拿到十两银子的仆人带着另外十两银子来了。主人说："做得好！你是一个对事情充满自信的人，我会让你掌管更多的事情。现在就去享受你的奖赏吧。"

拿到五两银子的仆人带着他额外的五两银子来了。主人也说："做得好！你是一个对事情充满自信的人，我会让你掌管很多事情。现在就去享受你的奖赏吧。"

最后轮到那个领到二两银子的仆人了，他说："主人，我知道你想成为一个强人，收获没有播种的土地，收割没有撒种的土地。我很害怕，于是把钱埋在了地下。"主人大怒，回答道："你这又懒又缺德的人，你既然知道我想收获没有播种的土地，收割没有撒种的土地，那么你就应该把钱存到银行家那里，以便我回来时能拿到我的那份利息，然后再把它给有十两银子的人，我要给那些已经拥有很多的人，使他们变得更富有；而对于那些一无所有的人，甚至他们有的也会被剥夺。”

这第三个仆人原以为自己的做法会得到主人的赞赏，因为他没有丢失主人给的那二两银子。在他看来，虽然没有使金钱增加，但也没丢失，就算是完成主人交代的任务了。但是他实在是误解了主人的意思。主人不希望自己的仆人原地不动，固步自封，他希望他们能够勤奋主动，为自己的人生积攒更多的资本。

不要常常满足于目前尚可的工作表现，要做更好的，你才能成为不可或缺的人。

人类的能力和智慧天生有限，永远都不能做到完美无缺。但是我们有不断增强自己的力量、不断提升自己品格的愿望，我们对人生价值的标准会越来越高。这是人类精神的可贵之处。

在人生的每件事情上，顺其自然几乎不费吹灰之力。平庸是你我无需选择就可以走的路。如果可以选择更丰盛的生命，我们为什么总是选择平庸无为呢？如果你总是想象为什么一年之外不可以多出一天，那你为何不好好定睛在这实实在在的365天呢？为什么我们只能做别人正在做的事情？为什么我们不可以超越平庸？

一个赢得奥林匹克竞赛的人，如果他选择顺其自然，他怎么会有这样骄人的成绩？那些把金牌带回家的运动员必须超越已有的纪录。他们会对自己讲，我厌倦了平庸。我的感觉和哈伯德写下如下这些话时的感觉如出一辙：

“不要总是为自己的不积极辩解，转而抱怨别人对你的期望值比你对自己的期望值高。如果哪个人在你所做的工作中找到失误，那么你就不是完美的，你也不需要去找借口。你应该真诚地承认这的确不是你的最佳状态。千万不要挺身而出去捍卫自己。当我们可以选择完美时，为何偏偏选择平庸呢？我讨厌人们说那是因为天性使他们要求不太高。他们可能会说‘我的个性不同于你，我并没有你那么强的上进心，那不是我的天性’。”

超越平庸，选择更好。这是一句值得我们每个人一生推崇的格言。

这个世界上，有无数人因为养成了游手好闲、做事敷衍的习惯，对待工作的态度马马虎虎，终于使自己一生都活在无所事事的空虚和无聊当中，随之而来的，是经济上的贫乏和不济。

我曾经在某大型机构的一座雄伟的建筑物上看到那里写着一句很让人感动的宣传语：“在此，一切都追求尽善尽美。”

的确，追求尽善尽美，是我们每个人一生都要不息追求的。如果每个人都认同和实践这一格言，决心无论做任何事情都要竭尽全力，以求得尽善尽美的结果，那么对于整个人类的福利来讲，不知要增进多少。

纵观人类历史，其中充满着一幕一幕由于疏忽、畏难、敷衍、偷懒、轻率而造成的可怕惨剧。不久前，在宾夕法尼亚的奥斯汀镇，因为筑堤工程没有照着设计去筑石基，结果堤岸溃决，全镇都被淹没，无数人死于非命。像这种因工作疏忽而酿成的悲剧，在我们这颗广阔的星球上，随时都有可能发生。无论什么地方，都有人犯疏忽、敷衍、偷懒的错误。如果每个人都能凭着最基本的良心做事，并且不怕困难、不半途而废，那么非但可以减少不少的惨祸，而且每个人身上都会闪烁着美好的人格魅力。

我们不难看到，一个人一旦养成了敷衍了事的恶习后，做起事来难免缺乏诚实信用。这样的人，人们最终必定会轻视他的工作，从而轻视他的人品。粗劣的工作，就会造成粗劣的生活。工作是人们生活的一部分，做着粗劣的工作，不但使工作的效能降低，而且还会使人丧失做事的才能。所以对于工作的粗劣态度，是在摧毁自己的珍贵理想、使自己生活堕落，也将成为阻碍自己前进的绊脚石。

做任何事情，我们一定要抱着非做成不可的决心，一定要抱着追求尽善尽美的态度。历史上，为人类创立新理想、新标准，扛着进步的大旗为人类创造幸福的人，就是具有这样素质的人。无论做什么事，如果只是以做到“尚佳”为满意，或是做到半途便停止，那他绝不会收获更好的成绩。

轻率和疏忽所造成的祸患不相上下。许多年轻人之所以失败，就是败在做事轻率这一点上。这些人很少要求自己将工作做到尽善尽美。

我听到有很多年轻人说，晋升与否取决于与老板关系的亲疏。他们好像不知道职位的晋升，是建立在忠实履行日常工作职责的基础上的。只有尽职尽责地做好目前所做的工作，才能使他们自身的价值渐渐地获得提升。

事实恰恰相反，许多人常常抱怨：“做这种平凡乏味的工作，有什么希望呢？”但他们有所不知，巨大的机会往往蕴藏在极其平凡的职业中、极其低微的位置上。只要把自己的工作做得比别人更完美、更迅速、更正确、更专注，调动自己全部的真诚和智力，从旧事中找出新方法来，才能引起别人的注意，给自己创造发挥潜力的机会，从而满足心中的愿望。

我们应该常常有这样的气度：“我愿意做那份工作，我已竭尽全力、尽我所能来做那份工作，我也更愿意听取人家对我的批评。”

总结下来，我们可以看到成功者和失败者的区别在于：成功者无论做什么，都力求达到最佳境地，丝毫不会放松；成功者无论从事什么职业，都不会轻率疏忽。

我可以毫不夸张地说，你工作的质量决定你生活的质量。在工作中你应该严格要求自己，能做到最好，就不能允许自己只做到次好；能完成百分之百，就不能只完成百分之九十九。不论你的薪水是高还是低，你都应该保持这种良好的工作态度。每个人都应该把自己看成是一名杰出的艺术家，而不是一个浑浑噩噩的平庸工匠。我们可以永远带着热情和信心去工作。

自动自发让你成为超凡卓越的人

所谓的主动，指的是一种积极心态，就是随时准备把握机会展现自己超乎他人要求的工作表现，以及拥有“为了完成任务，必要时不惜打破成规”的智慧和判断力。

一个人如果在老板不在自己身边时，反而更加卖力地工作，那他一定会获得更多奖赏。如果你只在有人注意你时才有好的表现，那么你永远无法达到成功的顶峰。最严格的表现标准应该是自己设定的，而不是由别人要求的。如果你对自己的期望比老板对你的期望更高，那么你就无需担心会失去工作。换句话讲，如果你能达到自己设定的最高标准，那么升迁晋级也就指日可待。

成功是一种努力的累积，不论何种行业，想攀上顶峰，通常都需要漫长时间的努力和精心的规划。很多被认为一夜成名的人，其实在功成名就之前，早就在默默无闻地努力和奋斗了，而且他们坚守了很长一段时间。

永远保持主动率先的精神，是一个人登上成功之梯的最高阶的基础。就算是面对缺乏挑战或毫无乐趣的工作，最后也一定能够获得回报。当你养成这种自动自发的习惯时，你就有可能成为老板和领导者。那些位高权重的人以行动证明了自己勇于承担责任，值得信赖，他们有能力担负起更重要的责任。

自动自发地做事，同时为自己的所作所为承担责任。那些成就大业之人和凡事得过且过的人之间最根本的区别在于，成功者懂得为自己的行为负责。没有人能促使你成功，也没有人能阻挠你达成自己的目标。

我在十几岁以及大学期间尝试做过各种各样的工作。我修理过自行车（后来被解雇了），我也挨家挨户卖过词典。有一年，我整整一个夏天都在为一个选美比赛回收那些订出去而未收上来的票，那是一些中年人在推销者甜言蜜语地劝说下订下的，但其实他们根本无意去观看。我还做过数学家庭教师、书店收银员、出纳和童子军夏令营顾问。为了顺利读完大学，我还替别人打扫过院子，整理过房间和船舱。

所有这些工作，大部分看起来都很简单很初级，我一度轻看它们，认为它们都是下贱而廉价的工作。后来，我意识到自己错了。正是这些工作潜移默化地给予我许多宝贵的教诲和经验，无论在什么样的工作环境中，也不管哪种工作档次，我发觉都在其中得到了无形的巨额财富。

就拿在商店的工作来举例。我自认为自己是一个好雇员，做了自己应该做的事——记录顾客的购物款。有一天，我正在和一个同事闲聊时，经理走了进来，他环顾了一下四周，然后示意我跟他走。他一句话也没有说，就开始动手整理那些订出去的商品；然后他走到食品区，开始清理柜台，将购物车清空。

我惊讶地看着他所做的一切，过了很久我才如梦初醒一般。原来，他在教我如何做事。他希望我和他一起做这些事！我之所以惊诧万分，不是因为这是一项新任务，而是它意味着我要一直这样做下去。可是，从前没有人告诉我要做这些事——其实现在也没有。

这件事使我受益匪浅。从此之后，我因为这件事情给我的启发和教育，成为了一名更优秀的雇员，我从每一项新增的工作中学到了更多的教益。这个教益就是要想更上一层楼，就要对自己的工作负责，不仅仅做别人安排做的事情，还要自动自发地做一些分外的事情。

自从受到了这样的启发，那些以前我认为低俗的工作开始变得有意思起来。我越是专注自己的工作，学到的东西和克服的困难也就越多。后来我离开那家商店去上大学。但是在那里学到的人生经验对我一生的影响都是极其深远的。我已经从一个旁观者变成一个认真负责的人。

如今我已经成为一名管理者，但是我依然一如既往地发现那些需要做的事情——哪怕并不是我分内的事。在各种各样的工作中，我都能发现超越他人的机会——不仅让我的老板与众不同，也让我自己超越平凡。

无论你现在处于什么环境当中，请你相信，你可以使自己的生活好转起来，就从今天开始，就从现在的工作开始，而不必等到遥远的未来的某一天你找到理想的工作再去行动。

所谓的主动，指的是一种积极心态，就是随时准备把握机会展现自己超乎他人要求的工作表现，以及拥有“为了完成任务，必要时不惜打破成规”的智慧和判断力。一个优秀的管理者应该努力激发员工的主动性，培养员工的自我尊重感。自我尊重感的高低往往影响工作时的表现。那些在工作中自我尊重感低的员工，往往是一些墨守成规、避免犯错，凡事只求忠诚于公司规则，老板没让做的事，绝不会插手的人；而自我尊重感高的员工，则勇于负责，有独立思考能力，行事善于发挥独特创意，以保证出色地完成任务。

四　对待老板，要忠诚、尊敬

老板和员工并非传说中的对立关系

如果你为一个机构或者为一个人工作，那你就真诚地、负责地去做好该做的事情；如果该机构或者这个人付给你日常的工资，让你得到饱足和发展，你要感谢他、称赞他、支持他。

现代社会，竞争日益激烈，谋求个人发展、实现自我是一件天经地义的事情。但遗憾的是很多人将个性解放、自我实现与对工作对老板的忠诚和敬业对立起来看待。其实，二者的关系是唇齿相依的。许多年轻人频繁跳槽，以玩世不恭的姿态对待工作，觉得自己出卖了一定的劳动力就该得到薪水；他们蔑视敬业精神，嘲讽忠诚，将其视为老板盘剥、愚弄下属的手段。他们认为自己之所以工作，不过是迫于生存的需要。他们甚至教唆那些具有敬业精神的员工，称其完全没有必要卑躬屈膝地勤劳干活。

我曾经为了一日三餐而替人工作，我也曾经自己当过老板，我深知作为两个角色的种种甘苦。贫穷不是一件值得推崇和炫耀的事情，但这也不意味着所有的老板都因为贪婪和私欲而成为有些人口中的剥削者、专横者，就像并非所有的人都心存善良一样。

从老板的立场出发，公司的生存和发展需要员工们的敬业和服从；对于员工来讲，丰厚的物质报酬和精神上的成就感是他们关注的焦点。表面上看起来，二者之间存在着一定的对立性和排斥性。但是，如果你是一个有智慧的人，你会看到从更高的层面说，两者的长远利益是一致的和统一的。公司作为员工个人发展的平台，必须不断壮大不断前进才可能提供越来越丰裕的待遇和福利，这就需要忠诚和有能力的员工同心合力来推动。而员工必须依赖公司的良好平台才能最大程度地发挥自己的聪明才智。

为了自己的利益，每个员工都应该意识到自己与公司的利益是一致的，并且全力以赴努力去工作。只有这样才能获得老板的信任，才能在自己独立创业时，保持敬业的习惯。而为了自己的利益，每个老板只留下那些最佳的职员，就是那些能够把信带给加西亚的人。可见，员工与老板之间是互惠的关系。

我们发现许多公司在招聘员工时，个人品行是最重要的考察标准，能力放在第二位。没有品行的人不能用，也不值得培养，因为他们根本无法将信带给加西亚。因此，我告诫大家：如果你为一个机构或者为一个人工作，那你就真诚地、负责地去做好该做的事情；如果该机构或者这个人付给你日常的工资，让你得到饱足和发展，你要感谢他、称赞他、支持他。

也许有些不走运的是，你的老板正好是一个心胸狭隘的人，他没有体察到你的真诚，也并不珍惜你的忠心。为了自己的缘故，也不要因此产生抵触情绪，轻易将自己与公司和老板对立起来。记住，每个人都是有缺陷的普通人，都有不同程度的局限性，不要太在意老板对你的评价，他可能会因为太主观而无法对你做出客观的评价。只要你竭尽所能，做到问心无愧，你的能力一定会提高，你的经验一定会丰富起来，你的心胸也会变得更加开阔。你的价值和努力是一桩客观事实，而不是被别人定义出来的。

我们常常听到这样的说法："老板是靠不住的！"这种说法也许并非没有道理。但是，这并不意味着老板和员工从本质上就是对立的。情感需要依靠理智才能保持稳定。当每个人都不完美的情况下，老板和员工关系只有建立在一种制度上才能和谐统一。在一个管理制度健全的企业中，所有升迁都是凭借个人努力得来的。如果想瓦解一个组织的士气，最好的方法就是制造"只有玩手段才能获得晋升"的工作气氛。一个体制健全的公司升迁渠道通畅，勤劳真诚、耐心热忱的人都有公平竞争的机会。只有这样，员工才会感觉自己是公司的主人，而公司给人家一般的感受，这样自己与公司就是合二为一的。

可见，员工和老板是不是对立的关系，既取决于员工的心态，也取决于老板的做法。智慧的老板会给员工公平的待遇，而一个有心的员工也会以自己的忠诚来予以回报。

用对待普通人的态度来对待老板

为什么人们能够轻而易举地原谅一个陌生人的过失，却对自己的老板和上司的某些做法无法释怀呢？

我早年曾经为他人工作，现在则为自己工作。从前总是认为老板太苛刻，而现在却常常觉得员工太懒惰，太缺乏主动性。事实上，一切都没有改变，改变的是自己看待问题的角度。

我们都知道，成功法则中有一条伟大的定律——待人如己。它的意思是，你希望别人怎样对待自己，你就怎样对待别人。凡事多为他人着想，站在他人的立场上思考。当你是一名雇员时，站在老板的角度考虑他面临的难处，给老板多一些体谅和理解；如果有一天你成为了一名老板，那么你要好好回顾一下自己当初的体会，站在雇员的角度多考虑照顾他们的利益，经常给他们一些支持和认同。

这条黄金定律是一条价值观法则，当它转化为生产力的时候，会推动整个工作环境的改善。当你尝试在工作中待人如己，多为老板着想时，你的内心深处就散发出美好的善良因子，它将影响和感染包括老板在内的周围人。很多时候，这种善意最终会回馈到自己身上。如果今天你从老板那里得到一份同情和理解，你会感谢那条黄金法则，因为也许这就是以前你在与人相处时遵守这条黄金定律所产生的连锁反应。

为什么人们能够轻而易举地原谅一个陌生人的过失，却对自己的老板和上司的某些做法无法释怀呢？其实原因很简单，因为彼此之间有利益的冲突。当人们的关系一旦用纯粹的利益来衡量时，矛盾便不可避免。同样，当认为彼此之间的冲突是利益冲突时，所有的同情和理解都会化为乌有，每个人都在盘算怎样对自己有利。

对于一个私营企业主而言，经营管理一家公司是复杂的工作，会面临种种烦琐的问题。来自客户、来自公司内部巨大的压力，随时随地都会影响老板的情绪。老板也是一个普通人，有自己的喜怒哀乐，有自己的缺陷。他之所以成为老板，并不是因为完美，而是因为他们具备某种别人所不具备的天赋和特质。因此，面对自己的老板，我们首先要用对待普通人的态度来对待老板，做到这些还不够，我们更应该同情那些努力去经营一个大企业的人，因为他们不像普通员工，下班铃声响起就可以放下工作回家了，他们也许还要辛苦加班到很晚。

许多年轻人认为自己应该被提升而没有获得提升，原因是自己的老板是个不公平的人。他们认为老板任人唯亲、嫉贤妒能，不喜欢比自己聪明的雇员，他们甚至得出结论，老板会阻碍有抱负的人获得成功。而事实上，对于大多数老板而言，再也没有什么比缺乏合适的人才更让他烦恼的事情了，也没有什么比寻找到合适的人选更让他欣喜的了。

我想年轻人之所以产生这样的念头，更多时候是以己度人。但是这里的“己”是一个自私的狭隘的“己”，我们常常说“以小人之心度君子之腹”。其实，每一个员工从第一天上班开始，老板就在用心对他进行考察。他们会仔细观察和分析他的能力、品格、习惯和言行举止（包括认为老板无知），他们不会轻率地否认这个年轻人的显性价值和隐性价值。在大多数情况下，他们不会因为自己的个人偏见而丧失一些真正能够帮助自己事业的伙伴，毕竟公司是自己苦心经营才发展起来的。

因此，如果你是一个员工，你应该在自己的职务分工上尽力去做，在发生冲突时多反思自己的不足，能够给予老板更多的宽容、理解和体恤，我相信你会因此赢得老板的欣赏和器重。

也许就算你这样用心去做了，而老板并不是一个领情的人，这时，我们依然要耐住性子，设身处地从老板的角度着想。同情和宽容是一种美德，是你自己的一笔财富，而非是一种用以讨巧的技术活。在一个老板那里没有得到回应，会被下一个老板视为宝贵。如果我们能养成这样思考问题的习惯，慢慢地，它就成为我们个人品质的一部分，无论在什么情况下，内心都会充满宽慰。

每天带着一颗感恩的心工作

人们偶尔会念念不忘一个陌路人的点滴帮助，对于与自己朝夕相处的老板的种种恩惠却视而不见，反而将自己得来的一切视为理所当然。

有很多成功人士在谈到自己的成功经历时，常常喜欢过分强调这是自己个人努力的结果。但事实是，没有一个成功人士是在单枪匹马的情况下做出突出成就的，每个人都获得过别人的许多帮助。在订出成功目标并且付诸行动的过程中，你就会发现除了一些合作伙伴的帮助，自己还获得了很多意料之外的支持。你应该感谢上天的眷顾，记住这些帮助你的人，无论是谁，他们都是你感谢的对象。

作为一个拥有不同角色和身份的人，我们要感谢父母的恩惠，我们要感谢国家的恩惠，我们要感谢师长的恩惠，我们要感谢那些出现在我们生命中的人；没有父母养育，没有师长教诲，没有国家爱护，没有大众助益，我们何能存于天地之间？所以，感恩不但是美德，更是一个人之所以为人的不可或缺的基本品质。

如今不乏这样的现象，很多孩子自从来到尘世间，就受到父母如珍宝一般的呵护。他们对世界还未做出一丝贡献，却满腹牢骚，抱怨不止。批评这不好，断言那不对。只知仰承天地的甘露之恩，不思回馈，对“恩义”二字视如草芥，足见其灵魂的贫乏。

还有一些做事平庸的中年人，虽然年轻时得到国家的栽培以及上司的提携，但并未尽力发挥一己之长，为别人做出应有的贡献。却也终日不满现实，为许多事情愤愤不平，仿佛遭受了满腔委屈，好像别人都对不起他。因此，这样的人在家庭里，难以成为善良的家长；在工作上，难以成为称职的员工。

有一句谚语叫做“羔羊跪乳，乌鸦反哺”，可见，动物尚且感恩，何况作为万物之灵的人类呢？我们从家庭到学校，从学校到社会，不可缺的一样就是感恩之心。我们教导子弟，从小就要他们知道所谓“一粥一饭，当思来之不易；半丝半缕，恒念物力维艰”，目的就是要他们学会感恩。

人们可以为一个陌路人的点滴帮助而感激不尽，却无视朝夕相处的老板的种种恩惠。将一切视之为理所当然，视之为纯粹的商业交换关系，这是许多公司老板和员工之间矛盾紧张的原因之一。的确，雇佣和被雇佣是一种契约关系，但是在这种契约关系背后，如果没有情谊作为连接双方的纽带，人与人之间永远都是对垒的状态。老板和员工之间也是如此。但无论从商业的角度还是从情感的角度，这二者都是一种荣辱与共的关系，都可以宛若亲情和友谊一般亲密。

不知你是否曾经想过，以一张字条的方式来告知你的上司，你是多么热爱自己的工作，你是多么感谢他在工作中对你的提携和帮助。我相信这种饱含真诚的表达方式一定会让他注意到你，甚至也会因此得到感动。感恩会传染别人，老板也同样会以具体的方式来表达他的谢意，感谢你所提供的服务。

大声对你周围的人——你的老板和同事说出你的感谢，因为他们了解你、支持你。让他们知道你感激他们的信任和帮助。请注意，一定要说出来，并且要经常说！这样可以增强公司的凝聚力。

我们永远都需要怀着一颗感恩的心。推销员遭到拒绝时，应该感谢顾客耐心听完自己的解说，也许他会给你下一次惠顾的机会。老板批评你时，应该感谢他给予的种种教诲。感恩无需我们花费一分一厘，但它却是一项重大的投资，对于未来极有助益！

是的，真正的感恩是真诚的、发自内心的，而不是为了某种特定目的，或者迎合他人而表现出的虚情假意。与溜须拍马不同，感恩是自然的情感流露，是不求回报的。一些人从内心深处感激自己的老板，但是由于惧怕流言蜚语，而将感激之情隐藏在心中，甚至刻意地疏离老板，以撇清这种嫌疑。这种想法是何等幼稚啊！如果我们能从内心深处意识到，正是因为老板费尽心机地工作，公司才有今天的发展，正是因为老板的谆谆教诲，我们才有所进步，才会心中坦荡，又何必去在意他人的流言蜚语呢？一个懂得感恩的人是一个懂得爱的人，无需因为爱而感到尴尬和难为情。

懂得感恩的人拥有富裕的人生。它是一种深刻的感受，能够增强个人的魅力，开启神奇的力量之门，发掘出无穷的智能。感恩也像其他受人欢迎的特质一样，是一种习惯和态度。

感恩和慈悲是近亲。时常怀有感恩的心情，你会变得更谦和、可敬且高尚。每天都用几分钟时间，为自己能有幸成为公司的一员而感恩，为自己能遇到这样一位老板而感恩。所有的事情都是相对的，不论你遭遇多么恶劣的情况。

“谢谢你”，“我很感激你”，这些话应该经常挂在嘴边。以特别的方式表达你的感谢之意，付出你的时间和心力，为公司为老板更加勤奋地工作，比物质的礼物更可贵。

当你的努力和感恩并没有得到相应的回报，当你准备辞职调换一份工作时，同样也要心怀感激之情。每一份工作、每一个老板都不是尽善尽美的。在辞职前仔细想一想，自己曾经从事过的每份工作，多少都存在着许多宝贵的经验与资源。失败的沮丧、自我成长的喜悦、严厉的老板、温馨的工作伙伴、值得感谢的客户……这些都是人生中值得学习的经验。如果你每天能带着一颗感恩的心去工作，相信工作时的心情自然是愉快而积极的。

学会在工作中欣赏、尊敬和赞美老板

要知道，他之所以成为我们的老板，一定有许多我们所不具备的值得学习的特质，正是这些特质使他在工作上超越了你。

玛格丽特·亨格佛曾经说过："美存在于观看者的眼中。"任何人身上都可能拥有被人欣赏的人格特质。她的看法和我们平常所说的"世界不是缺少美，而是缺少发现美的眼睛"不谋而合。每个人都是相当复杂的综合体，融合了好与坏的感情、情绪和思想。你对他人的评价和想象，往往基于自己对他人的期望。

如果你相信别人有优秀之处，你就会在他身上发现美好的人格品质；如果你不这样认为，就无法发现他人身上潜在的优点；换句话说，你本身的心态是积极的，你就容易发现他人积极的一面。当你不断提高自己能力的时候，别忘了培养欣赏和赞美他人的习惯，学会认识和发掘他人身上优秀的特质。

我们寻找他人的缺点是件很容易的事情，但是只有当你能够从他人身上看到优秀的品质，并由衷地欣赏他们的成就时，你才能真正赢得友谊和赞赏。

对于我们的老板，同样也应该用这样的眼光来看待。然而由于他是我们的老板，我们要做到这一点实属不易。作为公司的管理者自然会经常对我们的许多做法提出批评，经常会否定我们的许多想法，这些都会影响我们对他做出客观的评价。要知道，他之所以成为我们的老板，一定有许多我们所不具备的特质，这些特质使他超越了我们。

人性存在很多天然的狭隘和缺陷，比如大多数人都有嫉妒之心，他们难以面对那些比他们优秀的人。这一点正是阻碍大多数人走向成功的绊脚石。成功学家告诉我们，提升自我的最佳方法就是帮助他人出人头地。当你努力地帮助他人时，人们一定会回报你。如果我们能由衷地欣赏和赞美自己的上司和老板，当他们得到升迁，当公司得到成长时，一定对你会有所回报——是你的善行鼓舞了他们这样做。有许多意想不到的机会都来自于你发自内心对他人的欣赏和赞美，你在他们最需要的时候给予了他们精神上的支持。在你需要的时候，你也能够得到回应。

也许你的老板并不见得比你高明多少，但只要他是你的老板，你就必须服从他的命令，这是一个必须遵循的秩序。你要努力去发现他那些优越于你的地方，尊敬他、欣赏他、向他学习。如果我们都抱着这样的心态，即使彼此之间有种种隔阂，有许多误解，也会慢慢消解的。

我们不但在职时要赞美自己的老板，就算是离职后同样也要说过去老板的好话。一位曾经聘用过数以百计员工的管理者曾向我谈起自己招聘人员的心得："面谈时，最能体现出一个人思想是否成熟、心胸是否宽大，就要看他对刚刚离开的那份工作所说的话。前来应征的人，如果只是对我说过去老板的坏话，对他恶意中伤，这种人我是无论如何也不会考虑的。”

“也许一些人的确是因为无法忍受老板的压迫而离职的。”他继续说，“但是一个心胸广阔的人的做法应该是，不要去谈论那些不愉快的旧事，更不要因自己所遭受的不公正待遇耿耿于怀。”

许多求职者为了开脱自己辞职的事实，以为指责原来的公司和老板能够提高自己的身价，于是信口开河，说三道四，这种做法看似聪明，实则愚蠢，其中道理不难理解。

如果你今天为了谋取一份工作，而将原来的老板贬得一无是处，谁能保证你明天不会将现在的公司批驳得体无完肤呢？所有公司都希望员工保持忠诚，每个老板都希望能吸引那些对公司忠贞不渝的员工，而将那些过河拆桥的人拒之门外。

其实，我们对以前就职的公司和老板做一些基于客观事实之上的无伤大雅的评价未尝不可，但如果这种评价带有明显的主观色彩和个人情绪，建议你尽量免开尊口，因为它很可能变成一种不负责任的人身攻击，会引起现任老板和同事的反感。此外，许多公司和机构在招聘一些重要职位时，通常会通过各种手段、渠道来了解应聘者在原公司的表现。世上没有不透风的墙，当你的攻击传回原单位后，别人对你的评价就可想而知了。

当然，这种记住从前老板好处的做法，也适用于我们生活的其他方面。我的一位朋友，原本打算与一位离婚妇女结婚，当一切都已经安排就绪的时候，忽然间，他改变了所有的计划。我非常好奇这是为什么，朋友这样解释道："她总是一再谈论前夫的各种丑事——如何胡说八道，如何对她不公平，如何好吃懒做、不务正业等，真把我吓坏了。我想，应该没有一个如此坏的人吧。如果我和她结婚了，也不就成了她批评的对象了吗？想来想去，还是决定取消婚事。"

还有一个例子。我认识一位年过四十的人，在最近的一次公司改组中失去工作。他被解聘之后，逢人就诉说自己所遭受的不公平待遇，他还会夸大其辞地说，整个公司上下一切都依靠他，而最后自己却被人恶毒地扳倒了。

这个人诉苦时的表现使我越来越相信，他被解聘是咎由自取。他是一个十足的专讲"过去时态语句"的人，而且只会说些不幸、恐怖、消极的事。如今，他依然还在失业中，如果这一点没有彻底的改观，对他而言，失业的岁月会相当漫长，自己也将继续自食其果。

仔细观察和学习老板的过人之处

我们向自己的老板学习，不是基于他的身份，而是因为他的优秀——我为自己能遇到这样一位老板而庆幸。

一个好上司会让你受益匪浅。

在我的职业生涯中，我曾经遇到过一个好上司，他传授我做生意的技巧，也教育我经商的道德，对此我十分感激。渐渐地，我升职了，担任了更重要的职务。然而，老板对我的器重引起了其他人的嫉妒，随之攻击我的流言蜚语也不断传出。有人说我是老板的跟屁虫，因为处处模仿老板的风格才得以提升的。这些传言和眼光给我带来一种如负重袱的感觉。

后来，我冷静下来仔细地思考，觉得自己的担忧是多余的。模仿，是人类的本性。每个人从模仿中学习比从其他方式所学到的知识要多得多。大部分人会注意倾听、观察，然后模仿他人的言行举止。你说话、走路的样子，你的姿态、动作、表情可以说大部分是“抄袭”自你最亲近的人。同样，你的心理、处世哲学也多是从那些对你有影响的人——父亲、老师、老板那里学来的。我向老板学习，不是因为他有老板的身份，而是因为他有出众的地方——我为自己能遇到这样一位老板而庆幸。

我记得四年前发生的一件事，我的两位学生分别来找我咨询大学毕业后的就业问题。他们都是很聪明的年轻人，读书时成绩都十分优秀，兴趣和爱好也很广泛，对于他们来说，有许多工作机会可供选择。当时，我的一位朋友创办了一家小型公司，正委托我帮助他物色一个适当的人做助理，于是我建议两个年轻人去试试看。

他们俩后来分别去应征，第一位前去应征的学生名叫几米。面谈结束后他打电话给我，用一种厌恶的口气对我说："你的朋友太苛刻了，他居然只肯给月薪400美元，我拒绝了他。现在，我已经在另一家公司上班了，月薪600美元。"

后来去应征的学生名叫唐克，他却欣然接受了这份工作。尽管开出的工资也是400美元，尽管他同样有更多赚钱的机会。当他将这个决定告诉我时，我问他："如此低的工资，你不觉得太吃亏了吗？"

他说："我当然想赚更多的钱，但是我对你朋友的印象十分深刻，我觉得只要能从他那里多学到一些本领，工资低一些也是值得的。从长远的眼光来看，我在那里工作将会更有前途。"

这是四年前的事情了。几米当时在另一家公司的工资是年薪7200美元，目前他也只能赚到8750美元，而最初年薪只有4800元的唐克，现在的固定薪酬是20000美元，另外还要加上红利。

他们两个人的差异到底在哪里呢？几米被最初的赚钱机会蒙蔽了，而唐克却基于能学到东西的考虑对自己的工作做出了不失智慧的选择。

现代的许多年轻人在选择工作时，首先关心的是月薪多少、工作时间长吗、有哪些福利、有多少假期，以及什么时候调薪。我经常为大多数人选择工作如此盲目而感到惊异。

我们看到大概90%以上的人都忽略了一项重要的因素，那就是："我要选哪些人成为我工作的导师？"

如果你是一位高中足球队队员，毕业后想继续效力职业足球队，你选择大学的最重要因素一定是："哪位足球教练能教你最多，最能鼎力培养你。"

如果你发现自己的老板无法带给你心灵或者技巧上的益处，使你在职业和精神上无法受益，你就应该毅然决然地离开。无论你想要成为一位伟大的音乐家，还是一个成功的演员，都要遵循同样的原则。人无权选择自己的父母，但是却有权选择自己的老板。

对个人的成长影响颇大的一件事是与什么样的人交往。长久地生活在低俗的圈子里——无论是道德上低俗，还是品位上的低俗——都不可避免地让人走下坡路，我们应该努力地去接触和效仿那些拥有高尚情操和学识不凡的人。

从小时候起，每个人都会有自己欣赏的对象。我们常常崇拜和学习那些离我们遥远的伟人，却往往忽略了近在身边的智者，这一点在工作中体现得尤其充分。也许是出于嫉妒，也许是由于利益的冲突，我们忽视了那些每天都在督促我们工作的老板和上司——那些最值得学习的人。他们之所以成为管理我们的“牧羊人”，必然有我们所不具备的优势。聪明人应该时刻观察和研究他们的一言一行，了解作为一名管理者所应该具备的知识和经验。只有这样，我们才有可能获得提升，才有可能在自己独立创业时做得更好。

模仿和学习自己的师长是一件极其有价值的事情。弟子长时间跟随着师父，学徒耐心地向工匠学习，学生借着协助教授做研究而提高，刚刚入门的艺人花费时间和卓有成就的艺术家相处——都是为了借着协助与模仿来观察成功者的做事方式。大工业化生产破坏了这种学徒关系，也破坏了老板与雇员之间的这种学习关系，雇员与老板之间逐渐变成了矛盾对立的利益体。在一些错误观点的主导之下，许多人甚至因此丧失了谦卑向人学习的能力。

有一些有心人，他们不惜代价为杰出的成功人士工作，寻找种种借口和他们共处，目的就是为了学习他们的不俗之处，从而运用到自身。注意留心老板的一言一行、一举一动，观察他们处理事情的方法，你就会发现，他们有着与普通人的不同之处。如果你能做得和他们一样好，甚至做得更好，你就有机会获得晋升。

有钱人不一定就是优秀的人，那些人格、品行、学问、道德都胜人一筹的人才是真正优秀的人。与他们交往，你能吸收到各种对自己生命有益的养分，可以使你的事业收获更多。

人与人之间可以互为渗透。这就意味着脑海与脑海之间、心灵与心灵之间，有着一种巨大的感应力量，这种感应力量，虽无法测量，然而其刺激力、破坏力和建设力都是无比巨大的。如果你经常与那些无论是品行还是能力都在你之下的人混在一起，那一定会降低你的志愿和理想。

我们常常悔恨错过了晋升的机会或者涨薪的机会，但如果你错过了一个与能够给你以教益的人交往的机会，实在是莫大的不幸。只有通过与优秀的人交往，才可能擦去生命中粗糙的部分，才可以磨成器。向一个能够激发我们潜能的人学习，其价值远胜于一次发财获利的机会，那样能使我们的力量增加百倍。

仔细想想，其实，除了自己的家人之外，老板是与自己接触最多的人，也是自己每天都面对的比自己优秀的人。千万不要错过向老板学习的机会。

以主人翁的心态和公司站在一起

如果你是老板，一定会希望员工能和自己并肩站在一条线上，将公司的前程当成自己的前程，努力、勤奋、积极主动。因此，当你的老板向你提出这样的要求时，请不要拒绝他。

我们绝大多数人都必须借助一个平台来托付自己的事业生涯。只要你还是某一机构中的一员，就应当抛开任何借口，将自己的忠诚和责任投入进去。一荣俱荣，一损俱损！将身心彻底融入公司，尽职尽责，处处为公司着想，对投资人承担风险的勇气报以钦佩，理解管理者的压力，那么任何一个老板都会视你为公司的支柱。

我曾经听到有人说过，一个人应该永远同时从事两件工作：一件是目前所从事的工作；另一件则是真正想做的工作。如果你能将该做的工作做得和想做的工作一样认真，那么你一定会成功，因为你在为未来做准备，你正在学习一些足以超越目前职位，甚至成为老板或老板的老板的技巧。一旦时机成熟，你先前的准备就会开启你成功的第一步。

如果你精通了某一项工作，千万别陶醉于一时的成就，赶快想一想未来，想一想现在所做的事有没有改进的余地。这些都能使你在未来取得更长足的进步。尽管有些问题属于老板考虑的范畴，但是如果你考虑了，说明你正朝老板的位置迈进。这绝不是为风凉话讲的“咸吃萝卜淡操心”。

回顾一天的工作，扪心自问一下：“我是否付出了全部精力和智慧？”如果你是老板，你对自己今天所做的工作完全满意吗？别人对你的看法也许并不重要，真正重要的是你对自己的看法。如果你是老板，一定会希望员工能和自己一样将公司当成自己的事业，更加努力、更加勤奋、更积极主动。因此，当你的老板向你提出这样的要求时，请不要拒绝他。

以老板的心态对待公司，就是以主人翁的姿态看待自己的工作。你会成为一个值得信赖的人，成为一个老板乐于雇用的人，成为一个可能是老板得力助手的人，更重要的是，你能心安理得地入眠，因为你清楚自己已全力以赴，已完成了自己所设定的目标。

许多管理制度健全的公司，正在创造机会使员工成为公司的股东。因为人们发现，当员工成为企业所有者时，他们表现得更加忠诚，更具创造力，也会更加努力工作。有一条永远不变的真理：当你像老板一样思考时，你就成为了一名老板。一个将企业视为己有并尽职尽责完成工作的人，终将会拥有自己的事业。

记住，以老板的心态对待公司，为公司节省花费，最终公司也会按比例给你报酬作为你忠诚的回报。奖励可能不是今天、下星期或者明年就会兑现，但它一定会来，只不过表现的方式不同而已。当你养成习惯，将公司的资产视为自己的资产一样爱护，你的老板和同事都会看在眼里。美国自由企业体制是建立在这样一种前提之下，即每一个人的收获与劳动是成正比的。

然而在今天这种狂热而高度竞争的经济环境下，你可能常常感慨自己的付出与受到的肯定和获得的报酬并不成正比。如果下一次，当你感到工作过量却得不到理想薪水、未能获得上司赏识时，记得提醒自己：你是在自己的公司里为自己做事，你的产品就是你自己。

我们不妨再做一个假设。假设你是老板，试想一下你自己是那种你喜欢雇用的员工吗？当你正考虑一项困难的决策，或者你正思考着如何避免一份讨厌的差事时反问自己：如果这是我自己的公司，我会如何处理？当你所采取的行动与你身为员工时所做的完全相同的话，你已经具有处理更重要事物的能力了，那么恭喜你，你很快就会成为老板。

轻视效力的公司就是轻视自己

只要你依然是某一机构或者某一事业的一部分，就不要诽谤它，不要伤害它。轻视自己所就职的机构就等于轻视你自己。

我们大多数人在遭受挫折与不公正待遇时，往往会采取消极对抗的态度。不满通常引起牢骚，希望获得别人的注意与同情。这虽是一种正常的心理自卫行为，但却是许多老板心中的痛。大多数老板认为，牢骚和抱怨不仅惹是生非，而且造成组织内彼此猜疑，打击团队士气。因此，这种作为得不偿失。无论对自己还是对老板都会造成一样的后果。

当你牢骚满腹时，不妨参考老板定律：第一条，老板永远是对的；第二条，当老板不对的时候，请参照第一条。

我认识一个受过良好教育、才华横溢的年轻人，但他在公司长期得不到提升。他是一个缺乏独立创业勇气的人，也很少能够自我反省，久而久之，养成了一种乐衷嘲弄、吹毛求疵、抱怨和批评的恶习；他根本无法独立自主地做任何事，只有在被迫和监督的情况下才能工作。他常常认为，敬业是老板剥削员工的手段，忠诚是管理者愚弄下属的工具。他在精神和文化上与公司格格不入，这使得他无法真正从那里受益。

看到这些问题，我对他的劝告是，一个人有所为才会有所获，如果你决定留下来继续工作，就应该多一些思考和分析，发自内心地给予公司老板理解、同情和忠诚，并引以为豪。如果你无法做到不中伤、不非难和不轻视你的老板和公司，那么就放弃这个职位，然后以一个旁观者和中立者的角度来审视自己的作为和心灵。好好想想，只要你依然是某一机构的一部分，就不要诽谤它，不要伤害它。因为，轻视自己所就职的机构就等于轻视你自己。

在这个世界上，每个人的动机不同、态度不同、眼界不同。无论谁做任何事情，肯定会受到议论，甚至批评、中伤和误解。从某种意义上说，批评是对那些伟大杰出人物的一种考验。杰出无需证明，证明自己杰出的最有力证据就是能够容忍谩骂而不去报复他人。林肯做到了，他知道每一个生命都必定有其存在的理由。他对生命的诠释让那些轻视他的人意识到：自己种下分歧的种子，最终必会自食其果。

我曾经结识一名耶鲁大学的学生。他真是让我大跌眼镜。我敢说他根本代表不了真正的耶鲁精神，因为他对学校总是充满了批评和抱怨。在他抱怨的人当中，哈德利校长当然不能幸免，有人提供给我一些事实和数据，有时间有地点，足以对他做出严厉的批评。

一个充满抱怨的人，自身态度出现问题是很正常的。果然很快我就发现问题并不是出在耶鲁，而是在那个年轻人身上。在精神上，他与学校是如此的不和谐，这使他无法真正从耶鲁获得教益。耶鲁虽然并不是一所完美的大学（关于这一点哈德利校长和其他耶鲁人也不会否认），但是耶鲁的确能够提供许多优越的学习条件，至于能否充分利用这些便利条件则取决于学生本人。

我想，如果你是一名大学生，你应该充分利用好学校的资源，也应该对学校所提供的一切培训、教育给予感谢、理解和忠诚，并且引以为豪。赞美你的老师——有所为才有所获——他们尽职尽责给学生以教诲。如果说学校还存在着许多不完美的地方，那么作为学校的一分子，你每天努力愉快地去学习，做正面的事情，就会使它因为你的表现而变得越来越好。

这种处事态度也适用于你的工作。如果你任职的公司陷入困境，而老板是一个守财奴的话，你最好走到老板面前，自信地、心平气和地，而不是吹毛求疵地对他说：“老板，你有点太吝啬了。”你可以大方而真诚地指出他的方法有不合理的、荒谬的地方。随后你告诉他应该如何改革，你甚至可以自告奋勇去帮助公司清除那些不为人知的弊端。

我们在职场中很少会这样去做，更多的时候是自己陷入苦恼当中。尝试着这样去做！但如果由于某种原因你无法做到，那么请做出以下选择：坚持还是放弃。你只能两者择其一，现在就开始选择吧！

你知道吗，在你的步调不知不觉与公司的步调慢慢脱离时，一股强风就会随之而来，你会被连根拔起，吹进暴风雨中——你可能自己都不知道是什么原因。

由于竞争的激烈和自身的不足，你会在每个地方都发现许多失业者，与他们交谈时，你会发现他们充满了抱怨、痛苦和诽谤。这就是问题所在——吹毛求疵的性格使他们深受其害，也使自己发展的道路越走越封闭。当他们与公司格格不入、抱怨不断时，他们对公司而言变得不再有用，只好被迫离开。每个老板总是不断地寻找能够助他一臂之力的人，当然他也在考察那些不起作用的人，任何成为发展障碍的人都会被拿掉。

你相信吗，如果你告诉其他雇员，说自己的老板是个吝啬鬼，那么，这表明你也是；如果你对他们抱怨公司的制度如何不健全，其实表现最明显的就是你。

我们看到，那些只顾把时间花在评论别人长短、毁谤他人的人，是没有时间成功的。我们的能力极其有限，包括时间、精力和金钱都是有限的，你必须谨慎地选择开销的方式。如果你决定以贬抑别人来提高自己，你会发现自己将大部分时间和精力花费在是非上，可用的时间所剩无几。如果你爱散布恶意伤人的内幕，就会丧失他人对你的信任，最终受损失的是你自己。有句话叫做：“向我们论人是非的，也会向人论我们的是非！”

抱怨只会带给你无尽的苦毒和怨恨

如果你还不知道自己要的是什么，就千万不要张口抱怨老板不给你机会。通常那些喜欢大声抱怨自己缺乏机会的人，往往是在为自己的失败找借口。

我们抱怨，也许是因为贫困的生活像枷锁一样困扰着我们，没有亲朋好友，无依无靠地生活在异乡他国。我们急切地希望减轻自己身上沉重的负担。然而，仿佛陷入黑暗的深渊，负担是如此沉重。于是，我们不停地抱怨，感叹命运对自己的不公，抱怨自己的父母、自己的老板，抱怨上苍为何如此不公，让我们遭受贫困，却赐予他人富足和安逸。

赶快停止你的抱怨吧，让烦躁的心情平静下来。好好想想，你所埋怨的并不是导致你贫困的原因，恰恰相反，根本原因就在你自身。你的抱怨行为，正说明你倒霉的处境是咎由自取。

但凡喜欢抱怨的人在世上是没有立足之地的，烦恼忧愁更是心灵的杀手。缺少良好的心态，如同收紧了身上的锁链，将自己紧紧束缚在黑暗之中，使自己陷入心灵的牢笼无法自拔。

这世上还没有人会因为坏脾气和消极负面的心态而获得奖励和提升。仔细观察任何一个管理健全的机构，你会发现，最出色的人往往是那些积极进取、乐于助人，能适时给他人鼓励和赞美的人。身居高位之人，往往会鼓励他人像自己一样快乐和热情。尽管如此，依然有些人无法体会这种用意，他们将诉苦和抱怨视为理所当然。

有一句古老的格言是这样的："如果说不出别人的好话，不如什么都别说。"这句格言在现代社会更显珍贵——因为几乎在所有机构当中，那种吹毛求疵、流言蜚语和抱怨永不止息的现象无处不在。

在我们面前说人是非的人，也一定会在他人面前非议我们。所谓“好话不出门，坏话传千里”，闲话在一来一往中最容易滋生是非，影响人与人之间的凝聚力。与其抱怨对公司和老板的不满，不如努力地欣赏彼此之间的可取之处，这样一来，你会发现自己的处境大有改善。

如果你还不知道自己要什么，就千万不要张嘴抱怨老板不给你机会。那些喜欢大声抱怨自己缺乏机会的人，往往是在为自己的失败找借口。成功者不善于也不需要编制借口，因为他们能为自己的行为和目标负责，也能享受自己努力的成果。

常常抱怨的人，终其一生都不会有真正的成就。人往往在克服困难的过程中产生勇气、培养坚毅和高尚的品格。

或许你正住在一间简陋的破屋里，心中梦想着宽大而明亮的殿堂，那么，你首先应该做的是努力将这间小屋变成一个干净整洁的天堂，将你那些积极向上充满盼望的心绪充满小屋。

好好想想，你所乐意合作的伙伴是那些总在抱怨的人，还是那些值得信赖、善于发现别人长处的人呢?

抱怨不仅无济于事，更为严重的后果是，它会使你陷入苦毒怨恨的无尽深渊。

忠诚是一种人生姿态，是必备的责任感。

频繁地跳槽直接损害的是企业，但从更深层次的角度来看，缺乏忠诚度对员工自己的伤害更深。“这山望着那山高”

的习气使员工自身的价值有所降低。

我们常常说智慧和勤奋像金子一样珍贵，如果还有一种东西更为珍贵的话，那就是忠诚。忠诚你所效力的公司，从某种意义上讲，就是忠诚自己的事业，只不过是以不同的方式为这种事业做出贡献。忠诚体现在工作主动、责任心强、细致周到地体察老板和上司的意图。忠诚还有一个最重要的特征，就是不以此作为寻求回报的筹码。

许多老板在用人时，既要考察其能力，更看重个人品质，而品质最关键的就是忠诚度。下级对上级的忠诚可以增强老板的成就感和自信心，可以增强集体的竞争力，使公司更兴旺发达。因此，一个忠诚的人十分难得，一个既忠诚又有能力的人更是难求。忠诚的人无论能力大小，老板都会给予重用，这样的人走到哪里都有条条大路向他们敞开。相反，能力再强，如果缺乏足够的忠诚，也往往被人拒之门外。毕竟在人生事业中，需要用智慧来做出决策的大事很少，需要用行动来落实的小事甚多。少数人需要智慧加勤奋，而多数人却要靠忠诚和勤奋。

在现今社会，忠诚二字已经变得越来越珍贵了。许多公司花费了大量成本和资源对员工进行培训和教育，然而当他们积累了相当的工作经验后，就一走了之，更严重的是有些人干脆不辞而别。而那些留在公司的员工，则整天抱怨公司和老板无法提供良好的工作环境，将所有责任全部归咎于老板。我们发现，在管理机制良好的公司，跳槽现象也频繁发生，员工同样也不安分。这不得不让人感叹人心的浮躁和缺乏责任感。大多数情况下，跳槽并非公司和老板的责任，更多在于员工对自身目标以及现状缺乏正确的认识。他们过高估计了自身的实力，以及对那些向他们频频挥手的公司抱有过高的期望。

当一种不良风气不断蔓延时，它会影响社会生活的各个领域，当这种风气传染到整个商业领域时，许多具有一定忠诚度的员工也受到传染而投入跳槽大军中，使整个职业环境继续恶化。

缺乏忠诚度，频繁地跳槽直接损害的是企业，但从更深层次的角度来说，对员工的伤害更深，“这山望着那山高”的习气使员工价值有所降低。这些人对自己的内心需求没有认真地反思，对自己奋斗的目标没有清晰的认识，自然无法选择自己的发展方向。

人一生要达到自己想去的地方，真的要经历很多的抉择。从职业的角度说，我们难免要调换几种工作。但是这种转换必须依托于整体的人生规划。盲目跳槽，虽然在新公司收入能有所增加，但是，一旦养成了这种习惯，跳槽不再是目标，而成为一种惯性，换句话讲，是一种不断的逃避。

著名银行家克拉斯年轻时也不断变动工作，但是他始终抱有一种理想，就是有朝一日能够管理一家大银行。他曾经做过交易所的职员、木料公司的统计员、簿记员、收账员、折扣计算员、簿记主任、出纳员、收银员等，试了一样又一样，最后才逐步接近自己的目标。

他提醒我们："一个人可以有几条不同的路径达到自己的目标地。如果能在一个机构里学到自己所需的一切学识和经验当然很好，但大多数情况下需要经常变化自己的工作环境。面对这种情况，我认为他必须懂得自己想做什么，为什么要这样做。

"如果我换工作仅仅是为了每周多赚几块钱，恐怕我的将来早为现在而牺牲了……我之所以换工作，完全是因为现在的公司和老板无法再给我带来更多的教益了。"

人们在跳槽时总是故作潇洒地为自己开脱："此处不留爷，自有留爷处。"但是，真正面对工作时又是如此无奈。一个频繁转换工作的人，在经历了多次跳槽后，发现自己不知不觉中形成了一种习惯：一旦工作中遇到困难，就不由自主地萌生跳槽的念头；人际关系紧张也想跳槽；看见好工作（无非是多挣几个钱）想跳槽；有时甚至莫名其妙就是想跳槽，总觉得下一个工作才是最好的，似乎一切问题都可以用转移阵地来解决。这种感觉使人常常产生跳槽的冲动，甚至完全不负责任地一走了之。

如果你不能够正确地看待跳槽对于自己职业生涯的意义，久而久之，你将不再勇于面对职场现实，也难于积极主动克服困难了，而是在一些冠冕堂皇的理由下回避、退缩。这些理由无非是不符合自己的兴趣爱好，老板不重视，命运不济，怀才不遇，别人不理解等，幻想着跳一个新的单位后所有问题都能迎刃而解。

越来越多的年轻人丧失了成就事业最宝贵的忠诚和敬业精神，变得心浮气躁，凡事浅尝辄止，遇难而退。但又不甘平庸，这山望着那山高，空有远大理想，无心执著追求。此可谓个人之悲，国家之悲，社会之悲！

先处理好心情，再处理工作

当你萌生另起炉灶、转换门庭的念头时，不妨先处理一下自己糟糕的心情，以全新的角度再度审视自己的公司、自己的工作和自己的老板，或许离职的想法会就此打消。

每一份工作都不是徒劳的，都会给你带来一些宝贵的经验，它们是你人生成长过程中最重要的资源。因此，当你萌生另起炉灶、转换门庭的念头时，不妨先转换一下自己的心情，以新的角度审视自己的公司、自己的工作和自己的老板，或许离职的想法会就此打消。

一个人的职场生涯经历几份不同的工作是非常正常的，但是，每一次转换是否为你带来正面的效应，是否对你的人生价值有所提升（并不仅仅是薪酬的提高），这是你辞职前必须深思熟虑的问题。许多人盲目地跟着潮流走，只看到新工作、新公司、新老板表面的优点，却没有反思自己的工作态度和心情，从而轻率地放弃原本熟悉的工作，结果陷入更为恶劣的工作环境中。

很多人在事业不如意时，总是期待环境或者他人能根据自己的意愿而改变，而不懂得追根究底，找出问题的真正根源所在，一旦过高的期望值落空，失望与无助便涌上心头，自己的情绪就会变得十分低落，进而产生转换门庭的想法。对此，我的看法是，跳槽前谨慎地自我反省一下，也许你会发现，转换自己对工作的态度与认知，可能才是解决问题的最根本的方法。

权威研究人员的调查发现，一个人产生另起炉灶的想法，原因不外乎以下几种。看看自己属于哪一种情况，对症下药，消除不良心态。

——薪资过低

要知道一般情况下，你的薪资待遇往往和你做出的贡献成正比。换句话，如果你能长期付出，忠诚自己的事业，老板或主管肯定不会视而不见。而且，薪资收入除有形的货币以外，还包括许多无形的资产，譬如良好的人际关系、技能训练和丰富的工作经验等。

——才能无法得到充分的发挥和重视

“天生我材必有用”这句话的确不错，但是要做到适材适用必须和老板共同努力才能实现。你对自己的专长和兴趣了解吗？在现在的公司究竟还有没有发展空间？对于这些问题，你不仅要自己认真反省自己，也要和老板多多沟通。人有多方面的天赋，做一行爱一行，用心做好每一件事，才能找到更多发展的机会。

——与老板的经营策略有分歧

有分歧是正常的，因为每个人看待问题的角度是不同的。但请仔细想一想，这种分歧或许多半并非老板的原因，可能是自己太固执己见，也可能是自己没有充分表达自己的想法。站在老板的角度，更全面思考公司的发展问题，也许视野会更开阔些，也许能看到许多现实的问题。如果还不能说服自己，那么试着去适应公司的发展规划，适应公司的文化和老板的作风，等待更好的时机来表达自己的意见。

——工作时间过长

当这个问题跳到脑海里的时候，你先扪心自问，究竟是自己工作效率太低，还是业务量过重？如果是前者，那么正确的态度是努力提高自己的技能，更加投入地学习和自我提升。如果是后者，则应该主动地寻求老板的支持，并且能提出具体的解决方法，而不是一味选择逃避。

——对公司的职场气氛不满

仔细地分析一下，究竟是自己性格过于偏狭，还是整个公司的工作氛围真的不像话？如果是自己的问题，你不从心理上解决自己的问题，就算换到任何公司，你都会感觉到压抑。当遇到与老板和同事之间关系紧张时，不要总是站在自己的身份和角色上去为自己辩解，凡事反求诸己，就能看到另一片海阔天空。试一试用自己的宽容大度和幽默来改善工作气氛吧！

——教育训练不足

不可否认，良好的培训体系能够提高自己的业务水平。但在工作中是否能获得长足的发展，培训和教育并非是必要条件，它往往取决于你的态度。一个充满挑战性的工作，压力必然很大。一个优秀的老板、一群和睦相处的同事，可能比死板的教育训练让你获益更多。

——升迁渠道僵化

如果最近公司有人获得升迁，那个人不是你，那么就要搞清楚究竟是老板任人唯亲，还是你自己的能力欠佳。不要嫉妒他人，先入为主地认为他人的升迁不过是靠关系、拍马屁，要努力去发现那些自己所不具备的优秀品质和卓越能力，并对照自己的问题不断改正。

——交通不便

你可以为了工作早点起床吗？你可以为了工作改变晚睡的习惯吗？每个人都有惰性，但在工作的态度上，只有勤劳才会有收获，这是一个最基本的成功法则。

令人奇怪的是，许多人不是以工作为中心来转换居住的地点，而是以自己的居住地为中心来寻找工作。这样的规划本身就是一种被动行为。

——对行业前景及公司未来感到不安

公司或行业的前景需要有专业和冷静的判断，而不要以此作为逃避责任和压力的借口。俗话说，景气时有赔钱的公司，不景气时也有赚钱的公司。多问问自己是否累积了足够的专业技能。往往在经济衰退、公司经营业绩不佳时，最能体现员工的能力和忠诚度。

——自己的能力不受肯定

一个人不能够正确地认识自己是常有的事情。很多时候，我们会高估自己的能力，一味地陷入怀才不遇的苦闷里。殊不知，孤芳自赏只会在职场中令人嫌弃。多和老板谈谈自己的工作理想和抱负，多参加一些重大项目，也许能对自己的能力有一个正确的评估。

忠诚能够带给你满足感与尊重感

忠诚的意思，并不是指盲目地从一而终，它是一种对自己从事的职业的责任感。也不是对某个公司或者某个人的忠诚，而是一种对职业本身的忠诚，是对从事某一职业所表现出来的敬业和热爱精神。

一位成功学家曾经说过："如果你是一个忠诚的人，你就会成功。"忠诚是一种美德，一个对公司忠诚的人，他忠诚的对象不是纯粹指这个企业，而是忠于这项事业所担当的人类幸福。

健全的品格使你不会为自己的声誉担忧，也不会轻易被别人的看法所动摇。正如托马斯·杰斐逊所说："成功之人就是敢作敢当的人。如果你由衷相信自己的品格，确定自己是个诚实可信、和善、谨慎的人，内心就会产生非凡的勇气，而无惧他人对你的看法。

忠诚是一种特质，能带来自我满足、自我尊重，是一天二十四小时都伴随我们的精神力量。一个人的选择，既可以控制和掌握无形的自我，引导自己因为正确的选择而获得荣誉、名声及财富，也可能因为选择错误的方向将自己放逐到失败的悲惨境地。

忠诚是生命的润滑剂，一个忠诚的人不会经常苦恼，也不会因情绪的波动而陷入迷惘。他坚守着生命的航船，即使船就要沉没，也会像英雄一样，在歌声中随着桅杆顶上的旗帜一起沉没。可见，忠诚和努力是融为一体的。

古往今来，忠诚就是人类最重要的美德之一。忠实于自己的公司，忠实于自己的老板，与同事们同舟共济、共赴艰难，获得一种集体的力量，你的人生就会变得更加充实，事业就会变得更有成就感，工作就会成为一种人生享受。相反，那些表里不一、言而无信之人，整天陷入尔虞我诈的复杂人际关系中，他们花费大量的时间和精力游走在上下级之间，在同事之间玩弄各种权术和阴谋。这样的人即使一时扬眉吐气，取得一些暂时的成就，但终究，这种为人处事的态度不是一种理想的人生，他们所担当的工作也不是一项令人愉悦的事业，最终受到损害的还是自己。

一个人的忠诚度越高，就越能够担当重任。对于经营者来说，普通员工需要有责任心，中层员工不但要有责任心还要有上进心，而对于高层人士来说最重要的是对公司价值观的认同，要有和公司一同发展的事业心。因此，越往高处走，对忠诚度的需求就越高；相应的，你的忠诚度越高，就越有可能获得提升。

忠诚是一项美德，它融入到我们的生命里面。不是凭口说说而已，它需要经受考验。你忠于公司吗？忠于老板吗？如何能证明你是忠诚的呢？人们常常说，患难见真情，其实忠诚也是如此。企业面临危机之际，正是检验员工忠诚度之时。平稳时期又如何来考验员工的忠诚度呢？毕竟一个企业不可能总处在危机中。有时候，老板们为了考验员工们，也会想出一些办法制造危机，来“折腾”员工。

有一个叫做查理的人，到某大公司应聘部门经理，老板提出要有一个考察期。但让他没有想到的是，上班后他被安排到基层商店去站柜台，做销售代表的工作。一开始查理无法接受，但还是耐着性子坚持了三个月。后来，他意识到，自己对这个行业不熟悉，对这个公司也不十分了解，的确需要从基层工作学起，才可能全面了解公司，熟悉业务，何况自己拿的还是部门经理的薪水呢。

查理懂得这是老板对自己的一种考验，虽然实际情况与自己最初的预期有很大的差距，但是他坚持下来了，三个月以后他全面承担部门的职责，并且充分利用三个月最基层的工作经验，带领团队取得了良好的业绩。半年后，公司经理调走了，他得以提升；一年以后，公司总裁另有任命，他被提升为总裁。每当回首往事，他都非常感谢最初的那段日子，他常常颇有感慨地说："当时忍辱负重地工作，心中有很多怨言。但是我知道老板是在考验我的忠诚度，于是坚持了下来，最终赢得了老板的信任。"

在日益发达的商业社会，一切商业经营活动，老板承担的风险是最大的。企业破产了，老板可能要跳楼，员工则可以转换门庭。因此，许多老板常常想出很多方法借以考验员工的忠诚度，这也是为公司出现危机时做好充分准备。他们相信忠诚是可以被考察出来的，而不是靠嘴巴说的。所谓："天将降大任于斯人也，必先苦其心志，劳其筋骨……"如果你的老板不断折腾你，也许正是器重你的信号，他正在考验你的忠诚度，以便为其重用。

忠诚是一种情感和行为的付出，无论是发自内心的给予，还是甘愿接受“老板”的折腾。当你开始付出时，你将很快会得到收获。有一则古老的传说，讲述一位口渴难耐的旅行者来到沙漠中的一口井前。井壁上贴有一张便条，向路人说明附近埋了一个水瓮，可以用来引水。便条上写着：收受之前先给予。于是，摆在旅行者面前的有两种选择：是喝掉瓮里的水，还是用少量储存的水汲引更多冰凉而纯净的水。

“收受之前先给予”，这话的意思是你不能期望先获得丰厚的报酬，然后才决定是否给予回报。正如牧师法兰克·格兰先生曾经说过的：“如果你忠实于他人，有可能受到欺骗，但是如果你忠诚不足，就会活得十分痛苦。”

由于生活背景的不同，思想观念的差异，每个人对于人生的理解千差万别。人们常常会认为，坦诚之人穷困潦倒，虚伪之人却功成名就。这实际上是一种错误的见解，这种观点往往是只看到事物的表象。不诚实的人可能具有他人所没有的美德，诚实的人也可能具有别人所没有的陋习。诚实的人因为美德而有丰富的回报，同时也必须接受陋习给自己带来的惩罚，不诚实的人同样也承受着自己的痛苦与快乐。

世界越来越浮躁，人心也越来越堕落。人们往往因为虚荣心，就自以为是地认为自己是因美德而遭受苦难。一个人只有摒弃思想的杂念，荡涤心灵的污点，才会真正认识到自己遭受的苦难实际上是上苍对自己美德的考验，而非恶行的报应。

请记住：每当你为他人加倍付出，他人就因此而对你承担了一份义务。当你真诚对待你的老板，一般说来，他也会真诚对待你。

忠诚的意思，并不是指盲目地从一而终，它是一种对自己从事的职业的责任感。也不是对某个公司或者某个人的忠诚，而是一种对职业本身的忠诚，是对从事某一职业所表现出来的敬业和热爱精神。

一个人可能会频繁跳槽，但身在其位一定要谋其事，这也反映出一个人对所从事职业的高度的责任感。也许正是这种态度，使他们常常保持相对的稳定性。

忠诚是一项宝贵的美德。因为忠诚，我们不必时刻绷紧神经；因为忠诚，我们对未来会更有信心。对于企业来说，忠诚能带来效益，增强凝聚力，提升竞争力，降低管理成本；对于员工来说，忠诚能带来安全感。

诚实守信在何时都无需质疑

一个人无法让所有的人都喜欢自己，但是至少可以让大多数人都信赖自己。诚实的人，让身边的人感觉安全，日久天长自己的胸怀变得宽容博大，周围也充满了微笑和友爱；心思纯洁的人比较节制，他的身旁充满宁静和平的氛围。

养成一个好习惯，经常回顾一下自己的所作所为，是否能为自己的诚实而自豪？如果不能，应该好好反思，想一想，为什么会说不诚实的话做不诚实的事？这样做值得吗？如果坦诚以待，事情会不会朝好的方向发展？如果你能够从反省中学习，将自己训练成为一个诚实可信的人，那么，你是一个值得期待的人。

我们都知道，人无信不立，良好的信誉能给自己的人生，包括事业带来出人意料的益处。诚实、守信是形成强大亲和力的基础——这种品格会使人产生与你倾心相交的愿望。在某种程度上，能够消除一些其他不利因素带来的障碍，使困境变为坦途。

只要真诚待人，就能赢得良好的声誉，获得他人信任，将潜在的矛盾化解在无形之中。以诚相待是人际交往中最重要的砝码，大多数矛盾都能用诚信的办法解决。

诚实是不讲条件、不分程度的，诚实是绝对的诚实。要求回报的诚实，算不上是诚实。诚实不是交换报酬而来的，诚实本身就是一种奖励，它是人类行为最具有成效的一种。诚实的人从不担心向谁撒了什么谎而忧虑会被揭穿，所以，他们的注意力集中在做一些更有意义的事情上面。

有的人认为，撒个毫无恶意的小谎是无关紧要的，但久而久之你会发现，随口撒谎成为一种习惯，你不会介意自己这种行为有何影响。小谎言需要大谎言来掩饰，然后，谎言就会愈扯愈大。永远都别尝试说谎，也别窃占任何不属于自己的东西，只有这样你才能高枕无忧。

人们都愿意和诚实的人交往共事。也许你无法让所有的人都喜欢你，但是至少可以让大多数人都信赖你。诚实的人日久天长会逐渐形成宽容博大的胸怀，周围充满微笑和友爱；心思纯洁的人会渐渐养成自律的习惯，周围充满宁静和平的氛围。

对于那些藐视为人正直诚实的人，好机会同样也不青睐他们。

现今社会纷繁复杂，也具有很多迷惑性。一个不诚信的人可能暂时可以伪装自己，表现出一副单纯诚实的面孔，但是人们最终还是可以从这个人的所作所为当中看出蛛丝马迹，而不至于长时间被他的言辞蒙蔽。如果你一向说的比做的多，请即刻立下誓言，改变自己的行为吧！

有一个真实的故事，故事发生在一名年轻人身上。他是我的一位客户，每次前来咨询的时候，他总是抱怨，说自己不受重视，说公司过于守旧，说薪资调整和升迁都论资排辈，一些年轻有为的人没有用武之地。看得出，他内心深处有一种强烈的挫折感。在我认识他的时候，他正准备离开当时效力的那家公司。听完他的抱怨，我给他讲了加西亚的故事，他很认真地听完，并且陷入了沉思。

他突然说："我懂了！我之所以不为老板所欣赏，并非我没有才华，也不是我不善于沟通，而是因为我缺乏那种值得信任的品质。因为老板并不认为我可以独立将信送给加西亚。"

他从之前的工作表现上看到自己的问题，有许多方面不尽人意，包括喜欢自我表现，出口过于随意，逞口舌之能；做事毛糙有始无终……于是，他针对这些问题进行了大幅度的调整，工作态度大大改观了。

伊莉莎白是一家大型公司的资深人事主管，在谈到员工录用与晋升方面的尺度时，她说："我不知道别的公司在录用及晋升方面的标准是什么，但就我们公司而言，我们很看重应征者对于金钱的态度。一旦一个人在金钱上有不良记录，我们公司不太可能会雇用你。据我了解很多公司也跟我们一样，很注重一个人的品行，并且以此作为晋升任用的标准。即使应聘者工作经验丰富、条件优越，如果品行有污点，我们也不会聘用的。这样做的理由有四点：第一，我们认为一个人除了对家庭要有责任感外，对老板守信是最重要的。如果你在金钱上毁约背信，这表示你在人格上有不小的瑕疵。世风日下，今天很多美国年轻人却对此不以为然。他们认为‘银行的钱那么多，即使我不偿还债务也无所谓’，或者‘每家商店都有上百万的资金，我不付款它也倒不了’。但是买东西必须付钱，欠债必须还钱这是天经地义的事。在金钱上不守信用，简直与偷窃无异。第二，如果一个人在金钱上不守诺言，他有可能对任何事都不守信用。第三，一个没有诚意信守诺言的人，他在工作岗位上必定也会玩忽职守。第四，一个连本身的财务问题都无法解决的人，我们是不任用的。因为频繁的财务困难容易导致一个人去偷窃和挪用公款。在金钱方面有不良记录的人，犯罪率是普通人的十倍。当我们支出金钱时，要诚实守信，这一点也同样适用于我们为人处事。”

可见，伊莉莎白的用人标准说明了这样一个问题：诚实是衡量人的品行的一把尺子。这把尺子的适用范围放之四海而皆准，适用于古今中外的所有人。诚实守信使人树立起对家庭、对社会的强烈责任感，也是评价一个人品行端正与否的通行证。

任何一项日光底下造福他人的工作都没有高低贵贱之分，

也没有简单和复杂之分。那些诚恳并且勤奋的年轻人能够欣然接受任何工作，每天都让别人看到自己是值得信赖的，自己是具有价值的。这样一个具备优秀品质的年轻人，迟早会被委以重任得到提升。

展现与众不同，使自己不可替代

如果你是一个办事高效又善于为老板节省成本的人，你就能提升自己在老板心目中的地位。老板将给你机会让你参加公司的决策会议，你也会被调升到更高的职位，因为你把自己变成了一个难以取代的重要人物。

有这样一个故事：一位成功学家聘用了一个年轻女孩当自己的助手，每日替他拆阅、分类信件。她的工资与相关工作的人相同。有一天，这位成功学家口述了一句格言，要求她用打字机记录下来："请记住：你唯一的限制就是你自己脑海中所设立的那个限制。"

这句话引发了女孩深刻的思考。她将打好的文件交给老板，并且有所感悟地说："你的格言令我深受启发，对我的人生具有非凡的意义。"

这件事并没有给成功学家留下更多的印象，但是，却在女孩心中打上了深深的烙印。从那天起她开始在晚饭后回到办公室继续工作，不计报酬地干一些并非自己分内的工作——譬如替老板给读者回信。

她每天认真研究成功学家的语言风格，以至于这些回信和自己老板写得一样好，有时甚至更好。她一直坚持这样做，并不在意老板是否注意到自己的努力。她的努力得到了成效，终于有一天，成功学家的秘书因故辞职，他在挑选合适人选时，自然而然地启用了这个原本只是助理的女孩。

那句格言给了女孩突破自我的力量。在没有得到这个职位之前已经身在其位了，这正是女孩获得提升最重要的原因。当下班的铃声响起之后，她依然坚守在自己的岗位上，在没有任何报酬承诺的情况下，依然刻苦训练，最终使自己有资格接受更高的职位。

这个故事到这里并没有结束。后来，这位年轻女孩因为她与众不同的优秀，引起了很多其他公司的关注，有公司提供更好的职位邀请她加盟。为了挽留住这个出色的人才，成功学家多次提高她的工资，与最初当一名普通速记员时相比已经高出了四倍。你瞧，遇到一个不断在自己工作岗位上提升自我价值的员工，做老板的也割舍不了，因为这个员工在某种程度上已经使自己变得不可替代了。

如果你立下一个心志，就是无论你目前从事哪一项工作，每天一定要使自己获得一个机会，使你能在平常的工作范围之外，从事一些对其他人有价值的服务。那么，你会因为这个额外的付出变得更加快乐，也更加对周围的人有帮助。在你主动提供这些帮助时，你应当了解，自己这样做的目的并不是为了获得金钱上的报酬，而是为了训练和培养更强烈的进取心。

一个人必须先拥有这种价值取向，然后才能在这个基础之上，在所选择的终身事业中，成为一名影响别人的人物。

以正确的心态提供最优良的服务是你能给自己最好的推荐。别人对你的看法和你对自己的期望不谋而合，那至少说明你做到了成为一个自己想成为的人。如果你被认定是一个积极、有重要贡献的人，你就会备受欢迎。同事们会重视你，顾客会欣赏你。如果你能保持这些优点，你的老板也会肯定、奖励你。虽不能一夕成功，却也总是生活在充满无限可能性的盼望里面。

“适者生存”的法则并不仅仅建立在残酷的优胜劣汰的机制之上，而是因为它是公平原则的一部分。若非如此，美德如何能发扬光大？社会又如何能取得进步？与行事不周、态度懒散的人相比，那些思虑缜密、勤奋上进的人能够做出很多有益于别人的事情。优秀人才总是为社会所需要。

我有一位朋友，他的父亲常常告诫他：“无论未来从事何种工作，一定要全力以赴、一丝不苟。能做到这一点，就不会为自己的前途担心。世界上到处是散漫粗心的人，那些善始善终者始终是供不应求的。”

大部分的老板，他们不惜花费大把时间和金钱，四处寻找能够胜任工作的人。这些老板对员工的要求是，不需要出众的技巧，而需要谨慎、朝气蓬勃与尽职尽责。一个又一个员工，来来去去，因为粗心、懒惰、能力不足、没有做好分内之事而频繁遭到解雇。与此同时，众多失业者却在大肆抱怨现行的法律、社会福利和命运对自己的不公。

一个背弃了将本职工作做得完美无缺的原则的人，无法养成一丝不苟的工作作风，原因在于贪图享受、好逸恶劳。不久前，我观察到一位经过极力恳求而终获高薪要职的女性。她才上任短短几天，便开始高谈阔论想去进行一次“愉快的旅行”。月底的时候，她便因玩忽职守而遭解雇。

我们常说一心不能二用，正如两物无法在同一时间占据同一位置一样，被享受占据的头脑是无法专心求取工作的完美表现的。

五　对待自己，要自信

分辨出你最大的敌人是谁

人类是自然造化的产物，而不是依靠自己的谋术以及投机取巧而成长起来的。就如同万物遵循因果循环一样，我们的思想也同样适用这个法则。

无论你承认与否，这个世界上没有任何人可以令你沮丧消沉，除了你自己。你是否曾经觉得自己就是自己最大的敌人呢？

许多人都有这样的经验，不论做什么事，结果常常不遂人愿。于是常常陷入自责当中。然而，正如你是自己最大的敌人一样，你也可能成为自己最好的朋友和最有力量的帮手。

是的，当你心灵变得成熟起来、具备了某种品德、能高度接纳自己的时候，你会欣喜地发现你已经成为自己最好的朋友了，你欣赏和信任这个朋友。确定一个长远的目标，开始发现、认可和训练自己的能力，并且修正自己那些顽固的错误。

你在实施的过程里面，就会了解到真正支持你迈向成功之路的人，正是你自己。

西方有句名言："一个人的思想决定他的为人。"这句话概括了人生的核心内容，也让我们看到人间百态的源头在哪里。一个人的价值观可以通过其行为不折不扣地反映出来，所有思想都汇集在一起，便形成了独特而丰富的人格特性。因此，选择一个正确的价值观是多么的意义非凡。

如同没有种子发芽就没有禾苗的茁壮成长一样，人们外在的言行举止都是由内心隐藏的思想种子萌芽和壮大而来——我们纵观世间万物，无论是有意识的行为，还是无意识的行为，在这一点上，都毋庸置疑。

如果我们把行为看做是思想绽放出的一朵花，那么快乐或者痛苦实在是思想结下的一颗果实。可见，收获快乐还是饱受痛苦，完全取决于自己的思想和选择。思想造就出个性，一念之间往往决定一生的命运。如果人心包藏诡诈邪念，痛苦就会接踵而至，犹如车轮辗过一般不堪重负；如果心诚意正，快乐便如影相随，长久陪伴在你的生命里面。

人类是自然造化的产物，而不是依靠自己的谋术以及投机取巧而成长起来的。就如同万物遵循因果循环一样，我们的思想也同样适用这个法则。

良好人格的形成不是放纵个性、随心所欲，也不是凭借偶然机遇成就的，而是价值观纯正、行为端庄的自然结果，是长期心存正念、行从正道的报偿。同样的道理，卑鄙凶悍的人格可以说是心怀不轨长久积累的恶果。

一个非常渴望自己糟糕的处境有所改变的潦倒落魄之人，他在工作上偷奸耍滑，应付了事。他为自己辩解道，之所以在工作上偷懒是因为我的薪金太少。这样的人既不懂得处世之道，又不明白改变处境的方法。他懒惰的理由是一种自欺欺人的想法，长此以往，他不仅无法摆脱贫穷，而且还会使自己深陷于无力拔出的苦毒怨恨之中。

我们从中可以总结这样的事实：一个人自身的想法以及选择是造成所处环境优劣的原因（虽然人们平时并没有意识到）。很多人一方面展望美好的未来，另一方面却不断抱怨当下的处境，并且擅长归咎责任于他人，为自己的不良做法找借口。因此这类人失败的例子比比皆是。人如果真正懂得价值观所能产生的巨大作用，就不会把环境总结成为阻碍自己失败的理由了。

无论相信与否，事实的确是这样：你对工作的态度一旦改变，工作的处境也会随之变化。明白这个真理，增强这个信念，丰富自己的视野，把自己置身于更富有挑战性的环境中，就能得到更多地施展自己的机会。你一定要记住：一旦认定任何事，就要专注专心，全力以赴，千万不要自以为聪明地认为你可以脚踩两条船，将世间所有的便宜占尽。这样做即使取得了一时的功效，但这种成功必定是短暂的，很快就会失去，最终让你失望。

我们都知道学生必须先掌握一门功课，才能更有信心和能力学习下一门课程。我们在工作中道理也是如此，在拥有你梦寐以求的丰硕成果之前，你必须先充分发挥和运用你潜在的能力。滥用、忽略或低估自己的能力，即使上帝赐给我们的天赋再高，也会慢慢被埋葬，因为我们的所作所为不配拥有这样的能力。

正确抉择是事业成功的基础

人类的思想，是上帝赐给我们最珍贵的礼物。但思想是一把双刃剑，既可以开创一片快乐、坚定与平和的新天地，又可以摧毁自己的心态和人生。

凯斯特是一名普通修理工，他的生活虽然勉强过得去，但与自己的理想相比，距离还差得很远。有一天，他听说底特律一家维修公司在招工，于是决定前去试一试，希望能够在那里得到一个待遇较高的工作机会。面试时间是在星期一，他于星期日下午到达底特律。

吃过晚饭后，他独自坐在旅馆房间中，不知不觉之间，他想了很多。他把自己曾经经历过的事情在脑海中清晰地回忆了一遍。突然间他感到一种莫名的懊恼：他想自己并非一个智力低下的人，可为什么至今依然一事无成没有出息呢？

于是，他又取出纸和笔，写下了四个自己认识多年、工资比自己高、工作比自己出色的朋友的名字。其中两位原本是他的邻居，现在已经搬到高级住宅区去了。而另外两位是他以前的老板。他问自己：和这四个人相比，除了工作环境比他们差以外，自己还有什么地方不如他们吗？难道是聪明才智吗？可是客观地说，他们实在不比自己高明多少。

他不断地自我反省和剖析，经过很长时间的思考，他得出了一个与以往不同的结论——应该与自我性格情绪的不同有关。在这一方面，他不得不承认自己确实比他们差一大截。

此时已经是凌晨3点钟了，但他睡意全无，头脑也出奇地清醒。他突然发现自己第一次清楚地认识了自己，自己过去大部分时候不能控制自己的情绪，容易冲动，而且常常自卑，在许多方面不能平等地与人沟通和交往。

一整个晚上，凯斯特都坐在那儿自我检视和反思。他意识到，自从懂事以来，自己就是一个不敢要求、妄自菲薄、不思进取、得过且过的人；他总是认为自己无法面对一些情况或者后果，更严重的是他从不认为自己能够改变自己的这些性格缺陷。

而今晚，他痛下决心，决定从此之后杜绝那种自己不如别人的想法，也绝不再妄自菲薄，他决心要完善自己的情绪性格，弥补自己这方面的不足。

第二天早晨，凯斯特心情愉悦，春风满面地去面试，他被顺利地录用了。我们可以看到，凯斯特之所以能满怀信心地得到那份工作，与他前一晚的沉思和感悟不无关系。

在得到那份工作的两年内，凯斯特逐渐赢得了良好的名声和口碑。周围的人都认为他是一个乐观、机智、主动、热情的人。接着，随之而来的经济不景气，使每个人的情绪，尤其是耐性都受到了考验。但这时的凯斯特已经成为同行业中可以做到生意的少数人之一了。原来，公司进行调整时，因为凯斯特的出色表现，公司决定分给他一笔可观的股份，并且同时还给他加了薪。

从凯斯特的故事里面，我们不难发现，并非所有的成功都来自于你的谋算，更重要的反而是，在许多的经历里认识和发现自己性格中的那些不足和缺陷，并开始试着改变和完善自己。请你一定要相信，这绝对是一种建设性的做法，如果你能够这样，你在事业中不断前进并最终实现自己的梦想就是触手可及的事情。

一个人在工作上能否表现出色，取决于自己的态度、想法以及行动。我们看到，思想和态度既可以摧毁自己，也能开创一片快乐、坚定与平和的新天地。人播种的是什么，收获的也就是什么。

因此，一个人要选择正确的态度并且坚持不懈，就能达到越来越成熟的境地；反之，如果你满脑子邪思歪念，则只能终日陷入焦躁和迷茫的泥沼里。世界上有各种各样个性的人，但对人生价值观和态度的选择是造成每个人品格不同的根本原因。从一定意义上讲，你的选择决定你的命运。

人们被赐予力量、才智与爱，手握着一把能够应对不同处境的钥匙。当你明白这些东西能够带给你奇妙的经历和经验后，我相信你一定会信心坚定地依靠它们来实现自己的诸多愿望。

即使你处在一种看似十分悲惨的境地，你仍然能够翻转过来。但前提是，你要能适时地反思自己，包括所处的境况，并努力地寻找积极的人生之道，你一定能够脱胎换骨，成为一个在不同经历中被日渐磨砺和丰富起来的有智之人。

因此，我们再次看到思想这一上帝赐予的礼物是何等的神奇。但这的确需要我们成为一个有心人。学会在人生的各种经历中去观察和正面回应。

许多人会将竭力改善自己所处的环境作为翻转个人生命的一种期待，却不明白审视自我价值和态度才是在任何处境下得以屹立不倒的力量源泉。于是你发现，风向标如果出现问题，结果就是环境没有被改变，而自己也深陷沮丧和羞耻中。一个勇于接受命运考验的人，总是在考验中越发老练和成熟，慢慢地就实现了自己心中的目标。其实，这个人生的道理放之四海皆准。可见，成功的人生需要在价值观和态度上做出许多预备。

真正奴役你的人是你自己

在工作中，真正压榨和奴役一个人的不是他的老板和上司，而是他自己。这些人整天抱怨，认为自己好像一个奴隶一样被人役使。一旦一个人内心充满了低人一等的心态，他就变成了一个真正的奴隶。

许多人总是爱说，自己在公司里受到老板和上司的压榨和奴役。事实果真如此吗？如果你扪心自问，就发现真正压榨和奴役我们的不是老板和上司，而是我们自己。我们整天抱怨，认为自己好像一个奴隶一样被人役使。一旦一个人内心充满了低人一等的心态，他就变成了一个真正的奴隶。

如果你了解自己具有与生俱来的高贵价值，你就会使自己渐渐突破被辖制的境地。因此，要对自己有正确的认识。在抱怨自己是他人的奴隶之前，先看看你是否在自己限制自己，是否在自己奴役自己。

如果你真诚地面对自己。你就一定会发现，你的心里隐藏着很多猥琐的思想和欲望和不假思索就顺从的习惯或者行为，这些东西在你平时的行为中比比皆是。要敢于正视自己的心灵，也敢于向那些无益于自己成长的习惯和性格宣战。

积极改止这些缺点，不要再做习惯和自我性格的奴隶，这样还有谁能够奴役你呢？一旦战胜自我，你便容易克服很多看似不可逾越的逆境，暂时的困难也就迎刃而解了。

也不要抱怨自己被富人所压迫。想想看，有朝一日如果你也成为了一个所谓的富人，你能够保证自己不压迫别人吗？不要忘了永恒的法则是公平的，今天压迫别人的，日后一定会遭受压迫，绝对不会有例外。假如你过去曾经富有，而且曾经压迫过别人，按照这条伟大的法则，现在你困苦的处境就是让你知晓其中的奥秘。就让那永恒的正义、永恒的善良常常成为我们心中追寻的方向吧。

试着去深入了解自己的内心，你就会进一步认识到，不经过你的同意，谁也无法伤害到你。摆脱自己是受害者的错觉，努力去除自私与狭隘的思想，去追求无私和奉献的喜悦。

不久前，我应邀前往一家大公司参加年会，他们请我在会上发表演说。就在这个过程，有一位叫做哈利的老人当场被宣布退休，公司董事长站起来做一次例行回应，他表示哈利先生对他们公司多么有价值、有贡献，以及现在他要退休，公司对他多么怀念。

然而庆祝大会结束后，哈利先生却好像被人遗忘了一样。他用手背轻轻地触了我一下，悄悄对我说："你是否能给我30分钟的时间，我有话要对你说，顺便发泄一下我心中的郁气。"

我无法拒绝这样的请求，于是带着他来到我下榻的旅馆房间，点了一些饮料和三明治。

我打开话匣子："您在公司待了那么多年，可谓是劳苦功高，今天晚上光荣退休，对您来讲真是一个值得纪念的日子。"然而，哈利先生却说："你误会了，其实今天我并不快乐，我真是不知道该怎么形容才好，我想这是我一生中最悲伤的夜晚。”

“为什么呢？”我故作吃惊地问道。

“今晚我只是坐在那里面对我平庸的工作生涯而已。我感到自己一事无成，真是彻底失败。”

“那么您接下来准备做些什么？”我问道，“您现在才65岁而已。”

“还能做什么呢？我准备搬到老人村里去了，住在那里直到老死为止，我有一笔不少的退休金以及社会保险金，这些钱足够我养老了。”他很痛苦地说，“我真希望这样的日子很快就来临。”

说完这些话，我们陷入了沉默，然后他从口袋中取出今晚才拿到的退休纪念表说：“我想把这件礼物丢掉，我不希望留下这些痛苦的回忆。”

时间缓缓地过去，有些激动的哈利先生已经放松下来，他继续说道：“今天晚上，当乔治先生（该公司的董事长）站起来致辞时，你可能无法想象我当时多么悲伤。乔治先生和我一起进入公司，但是他很上进，节节攀升，我却不然。我在公司领到的工资最高不过7250美元，而乔治先生却是我的10倍，还不包括种种红利以及其他福利在内。每当我想起这件事，我总是认为乔治先生并没有比我聪明多少，他只是不怕吃苦，经得起磨炼，能完全投入工作，而我没有做到这一点。

“其实，在我的职业生涯中，公司内外给了我很多机会，如果把握住，我都可能获得晋升的。例如我在公司待了5年后，有一次公司要我到南方去掌管分公司，但是我自己因为感到无能为力而拒绝了。每次当这种绝好的机会到来时，我总是找一些借口来推托。现在，我退休了，一切都已经过去了，我什么也没有得到，真是往事不堪回首啊。”

在哈利的一生中，他一直妄自菲薄，游移不定，没有任何实际目标可言。他惧怕真正地面对生活，害怕挺身而出，承担责任，他的工作历程里面很多时候只是虚度年华。

像无数人一样，哈利先生把自己判入自我奴役的牢笼之中。其实，这种奴役并不限于某一类型的工作：在办公室中、在商店里、在农场上，甚至每一个地方，我们都能发现这种奴隶存在。

这些现代奴隶都是他们自己选择的结果，而非他们自己认为的那样，是受其他人强迫去当奴隶的。他们之所以如此选择导致如此被动，是因为他们不明白自己的价值，也不知道如何获得解脱，重拾自由。

热忱能使工作充满喜悦和乐趣

人们常常赞扬一个有成就的人，说他拥有良好的才能。与其说好成绩取决于人的才能，不如说它取决于人的热忱和真诚。世界为那些真正具有使命感和坚强信念的人大开绿灯。这样的人直到生命终结的时候，依然对生活饱含热情，无论中途出现什么困难，无论明天看起来是多么地渺茫，他们总是相信能够把心目中的理想图景变成现实。

我欣赏对生活对工作充满热情的人。热忱是一笔看不见、却又无法估价的财富。借着它被分享，它就会影响和感染周围的人和环境，它是一笔分享出去之后反而会增加的资产。你分享出去的越多，你得到的满足感就越大。生命中最大的嘉奖不是来自财富的积累，而是因着你的热忱带给别人以及自己灵魂上的满足。

当你满怀热忱和真诚投入工作中，而你的努力使自己的老板和顾客都非常满意时，你所获得的无形益处就大大增加了。亲爱的朋友，不要吝啬在你的生命中注入热忱，热忱真是一种神奇的元素，吸引别人，也影响自己。如果你在自己的工作中展现热忱，你会发现它正帮助你渐渐优秀起来。

对于准备在事业上有所作为的年轻人来说，诚实、能干、友善、忠于职守、淳朴，所有这些品质都是不可缺少的。但是更不可或缺的还有热忱，这样的人将努力工作看做是人生的快乐和荣耀。

纵观古今中外，那些优秀的发明家、艺术家、音乐家、诗人、作家，人类文明的先行者、大企业的创造者，无论他们来自什么种族、什么地区，无论在什么时代，那些引导着人类从野蛮社会走向文明的人们，无不是充满热忱的人。

工作是人生内容的一个部分。当你处在工作状态的时候，如果你无法集中精力，将全部身心都投入到工作中去，那么，可以想见，在做其他方面的事情的时候，你也有可能沦为平庸之辈。你恐怕无法在人类历史上留下任何印记；因为做事马马虎虎，所以只能在平平淡淡中了却此生。如果是这样，你的人生结局将是和千千万万的人一样，平庸地度过一生。

热忱，是工作的灵魂，甚至它就是生活本身。一个人如果不能从每天的工作中获得乐趣，而仅仅是因为要谋生才不得不从事工作，你完成的每一项职责都是勉为其难，那么，你的工作注定是要失败的，你的人生也不会很愉悦。

如果一个年轻人的工作状态不佳，一定是某些方面出现了问题。要么是错误地选择了工作的奋斗方向，使他们在天性所不适合的职业上艰难跋涉，白白地浪费着精力。他们需要某种内在力量的觉醒，应当被告知，这个世界需要他们做最适合的工作。每个人天生被赐予不同的禀赋，我们应当根据自己的才能和兴趣把这些潜能最大限度地发挥出来，使它的功效增至原来的10倍、20倍、100倍。

放眼历史，从来没有什么时代能够像今天这样，给满腔热忱的年轻人提供了如此多的展现自己的机会！这是一个属于年轻人的时代，年轻人承载着引导世界更真与更美的大使命。大自然的秘密，是由那些准备活出生命本质的人，还有那些热情洋溢地生活的人来揭开。不只是各行各业，人类活动的每一个领域，都在呼唤着满怀热忱的工作者。

如果你想战胜困难，热忱绝对是一种强大的力量，它使你保持清醒，使全身所有的神经都处于兴奋状态，去进行你内心渴望的事；它不能容忍任何有碍于实现既定目标的干扰。

我们都知道著名的音乐家亨德尔。在他年幼时，家人不看好他对音乐表现出来的浓厚兴趣，甚至不准他去碰乐器，不让他去上学，哪怕是学习一个音符。但这一切阻挠都是徒然。他时常在半夜时分悄悄地跑到秘密的阁楼里去弹钢琴。享誉全球的著名音乐天才莫扎特孩提时，成天要做大量的苦工，但是到了晚上他就偷偷地去教堂聆听风琴演奏，那一刻，他的全部身心都融化在音乐之中。还有巴赫，他年幼时只能在月光底下抄写学习的东西，连点一支蜡烛的要求也被蛮横地拒绝了。当那些手抄的资料被没收后，他依然没有对自己钟爱的音乐灰心丧气。同样对音乐充满热忱的有奥利布，皮鞭和责骂反而使儿童时代的奥利布更加专注地投入到他的小提琴曲中去。

如果内心没有火热的信心和盼望，就是军队也不能打胜仗，雕塑也无法栩栩如生，音乐很难扣人心弦，那些给人们留下深刻印象的雄伟建筑就不会拔地而起，诗歌就不能滋润我们的心灵，这个世界上就不会有慷慨无私的爱，而人类也将失去应有的生命力。热忱使人们拔剑而出，为自由而战；热忱使大胆的樵夫举起斧头，开拓出人类文明的道路；热忱使弥尔顿和莎士比亚拿起了笔，在树叶上记下他们燃烧着的思想。

博伊尔说："离开了热忱，伟大的创造是无法做出的。这也正是一切伟大事物激励人心之处。离开了热忱，任何人都算不了什么；而有了热忱，任何人的力量都不可以小觑。"

因此，可以说热忱是所有伟大成就的取得过程中最具有活力的因素。它的力量融入到每一项发明、每一幅书画、每一尊雕塑、每一首伟大的诗、每一部让世人惊叹的小说或文章当中。它是一种精神的力量。它只有在对人生价值有更高的追求过程中才会迸发出来。在那些只被个人的感官享受所支配的人身上，你是不会发现这种热忱的。它代表了一种积极向上的强大力量。

优秀的劳动成果一般总是由头脑聪明并具有工作热情的人完成的。很多大公司里那些吊儿郎当的老职员们很喜欢嘲笑年轻的同事，因为他们对待工作热情认真，这些职位低下的年轻人做了许多自己职责范围以外的工作。然而不久之后，他们被从所有的雇员中挑选出来，进入更为重要的部门或者职位，甚至晋升为公司的管理层，这常常令那些嘲笑他们的人瞠目结舌，不敢相信。

好成绩与其说是取决于人的才能，不如说取决于人的热忱。这个世界为那些具有真正的使命感和自信心的人大开绿灯，到生命终结的时候，他们依然热情不减当年。无论出现什么困难，无论前途看起来是多么地渺茫和暗淡，他们总是相信能够把心目中的理想图景变成现实。

热忱使我们被赋予更高的价值，它给思想以力量，促使我们立刻行动，直到把可能变成现实。热忱，使我们的决心更坚定；热忱，使我们的意志更坚强！不要畏惧热忱，如果有人愿意以半怜悯半轻视的语调把你称为狂热分子，那么就让他这么说吧。一件事情如果在你看来值得为它付出，如果那是对你的努力的一种挑战，那么就把你能够发挥的全部热忱都投入到其中去吧，对于站在一旁指手画脚的议论，你大可不必理会。笑到最后的人，才笑得最美。历史上和现实里，成就最多的，从来不是那些半途而废、冷嘲热讽、犹豫不决、胆小怕事的人。

倘若一个人把他的精力高度集中于他所做的事情（他是如此虔诚地投入其中），他根本没有工夫去介意别人的评价，而到了事情的终了，世人也终究会看到他的宝贵价值。

对你所做的工作，只要是阳光底下光明正大的事情，只要能够造福别人，你就要充分肯定它的价值和重要性，它对这个世界来说是不可或缺的。请你全身心地投入到你的工作中去，把它当做你人生的一项必要使命，这信念深深植根于你的灵魂里面，你将在前进的道路上获得嘉奖。

源源不断的热忱，使你永葆青春，让你的心中永远充满阳光。世上一切美好的东西都会令人怦然心动。记得有两位伟人如此说："请用你的所有，换取对这个世界的理解。"我也要这样说："请用你的所有，换取满腔的热情。"

坚韧带你走向成熟人生

各行各业很多做事优秀的人，大体都是那些天资一般、没有接受过较高教育的人。他们出色是因为他们拥有全力以赴的工作态度和积极进取的工作精神。

全世界的人几乎都知道美国人做事讲究高效。不达目标绝不罢休的奋斗精神，的确会推动社会快速向前发展。然而，凡事求快的个性同时也是一个缺点，它容易使人变成世界上最缺乏耐心的人。尤其在战争时期，缺乏耐心是士兵们致命的弱点。因为急于求胜，他们不能沉着应战，导致经常无谓地暴露在敌人的炮火之中。

换到商场上也是如此。我们常常要求自己在最短的时间内签约成交，急功近利的后果就是无法做到从容地全盘考虑事情。由于自己缺乏耐心，急着想要得手，但结果反而不遂人愿。最大的可能就是机会常常被那些愿意耐心等待的竞争对手抢走。

富兰克林曾经说过："有耐心的人，无往而不利。"耐心是一种能力，需要特别的勇气。那些对理想和目标全然投入的人，需要具备不屈不挠、坚持到底的精神。这里所说的耐心，是动态而非静态的，是主动而不是被动的，是一种积极力量而不是消极力量。我们的内心具备这种源源不尽的力量，但前提是你是一个在做事之前可以真正安静下来的人，同时以一种几乎是不可思议的执著，投入到既定的目标中，这样的耐心才具有价值。

具备坚韧不拔的决心才能战胜困难。一个有决心的人，是一个令人有安全感的人，人们需要他帮助时会对他完全信任；而且一个有决心的人，当他需要帮助时，人人都会热情地帮助他。相比之下，我们都知道那些做事三心二意、缺乏韧性和毅力的人很难取得别人的信任和支持，没有人愿意信任和支持他们，因为大家都知道这种人做事不可靠，随时有可能半途而废。

世界上有许多人终其一生都没有成功地做好一件事，这倒不是因为他们能力不够、诚心不足或者对成功没有期望，而是因为他们缺乏足够的耐心。这种人做事向来虎头蛇尾、有始无终，做事的过程中也是东拼西凑、草草了事。他们常常对自己当前所做的事情产生怀疑，害怕会失败，做决策时也常常犹豫不决。如果他们看准了一项事业，但好景不长，刚做到一半他们又觉得或许还是另一项事业更为妥当。他们的情绪和心态不稳定，时而信心百倍，时而又低落沮丧。这种人也有可能在短时间内取得一些成就，但如果放眼于人生长河，这种类型的人总是会留下更多的遗憾。很少有遇事迟疑不决、优柔寡断的人能够取得真正的成绩。

取得优秀的成就要具备两个最重要的特质：一是坚定，二是忍耐。通常情况下，人们往往信任那些意志非常坚定的人。当然，任何人都会面临困难，碰到障碍和挫折，但对于一个有耐性的人来讲，即使失败也不会令他一蹶不振。我们经常听到别人问这样的话：“那个人还在奋斗吗？”这句话的意思是：“那个人对前途还没有绝望吧？”

一个优秀的员工，对自己热爱的公司和工作会持守忠诚和信心。即使对公司的前景做了种种惨淡的描述后，他仍然不为所动，坚守岗位；言谈举止之中能够做到处处不慌不乱，谨慎得体。这种品质的员工是许多大公司非常青睐的。如果不具备这些品质，一个人无论才识如何渊博，也很难得到老板的认同。

很多企业主在描述自己心目中的理想员工时说：“我们所急需的人才，是那些真诚坚贞、意志坚定、在工作上全力以赴、有奋斗精神的人。一般来讲，表现出色的大体是那些天资一般、没有受过高深教育的人，他们拥有全力以赴的做事态度和永远进取的工作精神。做事全力以赴从而获得成功的人大约有九成，剩下一成的成功者靠的是天资过人。”

其实大多数管理者的用人标准与上面的描述相差无几，除了忠诚以外还要加上韧性。一个具备坚韧特质的人能够经受挫折。行事的志向和决心固然宝贵，但常常也会因力量不足、能力有限而遭遇挫败，唯有具备韧性，才能经得起风吹雨打，最终立于不败之地。

库雷博士说过："许多青年人的失败都可以归咎于恒心的缺乏。"是的，对待工作坚贞不渝、百折不挠是获得成功的重要基础。当今社会大多数年轻人颇有才学，具备成就事业的种种技能，但他们的致命弱点是缺乏恒心、没有忍耐力。所以，也许多年下来，只能在自己的岗位上平庸地工作着。很多时候，甚至在微不足道的困难与阻力面前，就立刻退缩，裹足不前，这样的人怎么配得委以重任呢？如果你想为自己赢得美誉，让周围的人都知道你是一个经得起考验的人，那么一件事到了你的手里，请你千方百计地将它出色完成。

一旦你周围的朋友了解到你是一个意志坚定、富有忍耐力、头脑机智、做事敏捷的好朋友、好员工、好同事后，无论位于哪个位置，你都能找到适合你的工作和职位。与之相反，如果你轻看自己，无视自己的潜在价值，也无意去体察和改进，只是浑浑噩噩糊里糊涂地过活，埋怨遇人不淑遇事也不淑，那么你迟早会有一天被人踢到一边，甚至被自己所厌烦。

由此可见，坚韧带我们走向成熟人生。

英文版原文

A Message To Garcia

by Elbert Hubbard 1899

In all this Cuban business, there is one man stands out on the horizon of my memory like Mars at perihelion.

When war broke out between Spain and the United States, it was very necessary to communicate quickly with the leader of the Insurgents. Garcia was somewhere in the mountain fastnesses of Cuba–no one knew where. No mail or telegraph message could reach him. The President must secure his coperation, and quickly. What to do!

Some said to the President, "There's a fellow by the name of Rowan who will find Garcia for you, if anybody can."

Rowan was sent for and given a letter to be delivered to Garcia. How the "fellow by the name of Rowan" took the letter, sealed it up in an oilskin pouch, strapped it over his heart, in four days landed by night off the coast of Cuba from an open boat, disappeared into the jungle, and in three weeks came out on the other side of the Island, having traversed a hostile country on foot and delivered his letter to Garcia–are things I have no special desire now to tell in detail. The point that I wish to make is this:

McKinley gave Rowan a letter to be delivered to Garcia; Rowan took the letter and did not ask, "Where is he at?"

By the Eternal! there is a man whose form should be cast in deathless bronze, and the statue placed in every college of the land. It is not book-learning young men need, nor instruction about this and that, but a stiffening of the vertebrae which will cause them to be loyal to a trust, to act promptly, concentrate their energies: do the thing—

"Carry a message to Garcia."

General Garcia is dead now, but there are other Garcias. No man who has endeavored to carry out an enterprise where many hands were needed, but has been well-nigh appalled at times by the imbecility of the average man-the inability or unwillingness to concentrate on a thing and do it.

Slipshod assistance, foolish inattention, dowdy indifference, and half-hearted work seem the rule; and no man succeeds, unless by hook or crook or threat he forces or bribes other men to assist him; or mayhap, God in His goodness performs a miracle, and sends him an Angel of Light for an assistant.

You, reader, put this matter to a test: You are sitting now in your office-six clerks are within call. Summon any one and make this request: "Please look in the encyclopedia and make a brief memorandum for me concerning the life of Correggio." Will the clerk quietly say, "Yes, sir." and go do the task?

On your life he will not. He will look at you out of a fishy eye and ask one or more of the following questions: Who was he? Which encyclopedia? Where is the encyclo pedia? Was I hired for that? Don't you mean Bismarck? What's the matter with Charlie doing it? Is he dead? Is there any hurry? Shan't I bring you the book and let you look it up yourself? What do you want to know for?

And I will lay you ten to one that after you have answered the questions, and explained how to find the information, and why you want it, the clerk will go off and get one of the other clerks to help him try to find Garcia–and then come back and tell you there is no such man. Of course I may lose my bet, but according to the Law of Average, I will not.

Now, if you are wise, you will not bother to explain to your "assistant" that Correggio is indexed under the C's, not in the K's, but you will smile very sweetly and say, "Never mind," and go look it up yourself. And this inca–pacity for independent action, this moral stupidity, this infirmity of the will, this unwillingness to cheerfully catch hold and lift–these are the things that put pure

Socialism so far into the future.

If men will not act for themselves, what will they do when the benefit of their effort is for all?

A firstmate with knotted club seems necessary; and the dread of getting "the bounce" Saturday night holds many a worker to his place. Advertise for a stenographer, and nine out of ten who apply can neither spell nor punctuate–and do not think it necessary to.

Can such a one write a letter to Garcia?

"You see that bookkeeper," said the foreman to me in a large factory. "Yes, what about him?" "Well, he's a fine accountant, but if I'd send him up town on an errand, he might accomplish the errand all right, and on the other hand, might stop at four saloons on the way, and when he got to Main Street would forget what he had been sent for." Can such a man be entrusted to carry a message to Garcia?

We have recently been heating much maudlin sympathy expressed for the "downtrodden denizens of the sweat–shop" and the "homeless wanderer searching for honest employment", and with it all often go many hard words for the men in power.

Nothing is said about the employer who grows old before his time in a vain attempt to get frowsy ne'er–do–wells to do intelligent work;

and his long, patient striving after "help" that does nothing but loaf when his back is turned.

In every store and factory, there is a constant weeding-out process going on. The employer is constantly sending away "help" that have shown their incapacity to further the interests of the business, and others are being taken on. No matter how good times are, this sorting continues: only, if times are hard and work is scarce, the sorting is done finer-but out, and forever out the incompetent and unworthy go. It is the survival of the fittest. Self-interest prompts every employer to keep the best-those who Can carry a message to Garcia.

I know one man of really brilliant parts who has not the ability to manage a business of his own, and yet who is absolutely worthless to anyone else, because he carries with him constantly the insane suspicion that his employer is oppressing, or intending to oppress him. He cannot give orders, and he will not receive them. Should a message be given him to take to Garcia, his answer would probably be, "Take it yourself!"

Tonight this man walks the streets looking for work, the wind whistling through his threadbare coat. No one who knows him dare employ him, for he is a regular firebrand of discontent. He is impervious to reason, and the only thing that can impress him is the toe of a thick soled Number Nine boot.

Of course. I know that one so morally deformed is no less to be pitied than a physical cripple; but in our pitying let us drop a tear, too, for the men who are striving to carry on a great enterprise, whose working hours are not limited by the whistle, and whose hair is fast turning white through the struggle to hold in line dowdy indifference, slipshod imbecility, and the heartless ingratitude which, but for their enterprise, would be both hungry and homeless.

Have I put the matter too strongly? Possibly I have; but when all the world has gone a–slumming I wish to speak a word of sympathy for the man who succeeds–the man who, against great odds, has directed the efforts of others, and having succeeded, finds there's nothing in it: nothing but bare board and clothes. I have carried a dinner–pail and worked for day's wages. and I have also been an employer of labor, and I know there is something to be said on both sides. There is no excellence, perse, in poverty; rags are no recommendation; and all employers are not rapacious and high–handed, any more than all poor men are virtuous. My heart goes out to the man who does his work when the "boss" is away, as well as when he is at home. And the man who, when given a letter for Garcia, quietly takes the missive, without asking any idiotic questions, and with no lurking tention of chucking it into the nearest sewer, or of doing aught else but deliver it, never gets "laid off", nor has to go on a strike for higher wages.

Civilization is one long, anxious search for just such individuals.

Anything such a man asks shall be granted. He is wanted in every city, town and village–in every office, shop, store and factory. The world cries out for such, he is needed and needed badly–the man who can "Carry a Message to Garcia."

So who will send a letter to Garcia?

附录

轻松测试你的职业性格

每个人都拥有独一无二的性格，比如：活泼或者安静、幻想或者现实、感性或者理性、善谈或者寡言。而每一种职业与我们每个人一样，也有着它自己的“性格”，比如：它要求从业者能够做到淡定或者冒险、缜密或者粗放、合作或者独行、有计划或者突发奇想。那么，你的性格是否与你当前的职业合拍呢？下面是一份简单的职业性格测试，共包括四个分测验；通过它你可以了解自己的性格特征，并可对照测验的分析方法，了解适合自己的职业种类。请你根据实际情况，如实快速地在最符合你自己的选项上划勾。

测验一

1. 我喜欢工作时

A. 一个人安安静静的　　B. 周围有很多人

2. 对于公司布置的任务，我倾向于

A. 三思而后行　　B. 马上着手开始工作，一边进行一边思考

3. 当家里或办公室的座机铃响起来时，我的第一感觉

A. 认为是一次干扰 B. 愿意接听

4. 有了新想法时，我一般

A. 喜欢再对这个想法多一些思考 B. 马上开始行动

5. 参加会议时，我倾向于

A. 反复思考后才发言 B. 即兴发言

6. 在人多的场合，我习惯于

A. 多听大伙聊天 B. 多和大伙一起聊

7. 我是一个更爱______的人

A. 沉思 B. 交往

测验二

1. 我宁愿

A. 做一些我以前做过的事 B. 解决一个新的、复杂的问题

2. 在分析问题时，我更很容易

A. 抓住细节 B. 看到“全貌”

3. 对于一项任务，我倾向于

A. 稳定而连续地去完成 B. 突击性地、时有间断地去完成

4. 做一个项目时，我喜欢

A. 缩小范围，以便清晰地定义它 B. 扩大范围，把相关问题包括进去

5. 阅读时，我通常

A. 将思路集中在所读的内容之上 B. 读出言外之意，并产生其他联想

6. 在会议中，我最容易被这样的人惹恼

A. 只谈粗略的 B.挑剔细节的

7. 我更喜欢老板

A. 现实的 B. 充满新想法的

测验三

1. 哪个词更符合你?

A. 理性思维的　　B. 感情用事的

2. 作决策时，最重要的考虑因素是

A. 合理的思考、想法和资料　　B. 人们的情感和价值观

3. 我希望有个老板

A. 在决策时建立标准并遵照标准行事　　B. 考虑个体的需要，能做出特例

4. 当听到别人讨论某个话题时，我容易

A. 思考别人说话的漏洞　　B. 把它套在自己的工作上，看看适合不适合

5. 在工作中，我喜欢把大量时间花在______问题上

A. 想法　　B. 人员

6. 在会议中，我喜欢别人

A. 集中于会议任务　　B. 显示出更丰富的情绪

7. 我更喜欢这样的老板

A. 激发我的智慧　　B. 我认可他的目标

测验四

1. 我经常

A. 有计划地开展工作　　B.很少立计划

2. 在做一个项目时，我喜欢

A. 尽可能地按照管理要求去做　　B. 尝试各种可能的选择

3. 在我的工作中，我喜欢

A. 集中精力一个一个地做　　B.交叉着进行多项工作

4. 当我在做一个项目时，我喜欢

A. 一气呵成做完　　B. 先等等看再做

5. 当必须马上做出决策时，我经常

A. 果断地进行决策　　　　B.总觉得自己掌握的信息不够

6. 在准备一个会议时，你是哪种风格的人？

A. 有自己的观点，且积极准备　　　　B.尽可能参与到其他讨论中

7. 在周末，我通常

A. 计划一下该做什么　　　　B. 随便找事情做做

评分方法

①依次统计四个分测验中，选A的题数以及选B的题数，填入对应表格中；

②对于每个分测验，比较选A的题数是否大于选B的题数，将被选较多的选项填入对应表格中。

分测验	选A的题数	选B的题数	题数较多的选项
一			
二			
三			
四			

结果解释

这四份分测验结果的组合共有2×2×2×2=16种，每一种组合代表了一种性格类型，下面给出最为常见的6种性格类型的典型特点；对于每

种性格类型，还提供了对应的职业建议。

一AAAA

性格特点：愿意使用工具从事操作性工作，动手能力强，做事手脚灵活，动作协调。偏好于具体任务，不善言辞，做事保守，较为谦虚。缺乏社交能力，通常喜欢独立做事。

职业建议：喜欢使用工具、机器，需要基本操作技能的工作。要求具备机械方面的才能、体力，或从事与物件、机器、工具、运动器材、植物、动物相关的职业，并具备相应能力。如：计算机硬件人员、摄影师、制图员、机械装配工等技能性人员。

二BBBB

性格特点：有创造力，乐于创造新颖、与众不同的成果，渴望表现自己的个性，实现自身的价值。做事理想化，追求完美，不重实际。具有一定的艺术才能和个性。非传统的、敏感、容易情绪化、较冲动、不服从指挥。善于表达、怀旧，心态较为复杂。

职业建议：喜欢的工作要求具备艺术修养、创造力、表达能力和直觉，并将其用于语言、行为、声音、颜色和形式的审美、思索和感受，具备相应的能力。不善于事务性工作。如：艺术方面——演员、导演、艺术设计师、雕刻家、建筑师、摄影家、广告制作人；音乐方面——歌唱家、作曲家、乐队指挥；文学方面——小说家、诗人、剧作家。

三BBBA

性格特点：喜欢与人交往，不断结交新的朋友，善言谈，愿意教导别人。为人友好、热情，善解人意、乐于助人。关心社会问题、渴望发挥自己的社会作用。寻求广泛的人际关系，比较看重社会义务和社会道德。

职业建议：喜欢与人打交道的工作，能够不断结交新的朋友，从事提供信息、启迪、帮助、培训、开发或治疗等事务，并具备相应能力。如：教育工作者——教师、教育行政人员；社会工作者——咨询人员、公关人员。

四AABA

性格特点：有责任心、依赖性强、高效率、稳重踏实、细致、有耐心。尊重权威和规章制度，喜欢按计划办事，细心、有条理，习惯接受他人的指挥和领导，自己不谋求领导职务。喜欢关注实际和细节情况，通常较为谨慎和保守，缺乏创造性，不喜欢冒险和竞争，富有自我牺牲精神。

职业建议：喜欢要求注意细节、精确度、有系统、有条理，具有记录、归档、据特定要求或程序组织数据和文字信息的职业，并具备相应能力。如：秘书、办公室人员、记事员、会计、行政助理、图书馆管理员、出纳员、打字员、投资分析员。

五BAAA

性格特点：善辩、精力旺盛、独断、乐观、自信、好交际、机敏、有支配欲望。追求权力、权威和物质财富，具有领导才能。喜欢竞争、敢冒风险、有野心（抱负）。为人务实，习惯以利益得失、权利、地位、金钱等来衡量做事的价值，做事有较强的目的性。

职业建议：喜欢要求具备经营、管理、劝导、监督和领导才能，以实现机构、政治（社会）及经济目标的工作，并具备相应的能力。如：项目经理、销售人员、营销管理人员、政府官员、企业领导、法官、律师。

六ABAB

性格特点：思想家而非实干家，抽象思维能力强，求知欲强，肯动脑，善思考，不愿动手。喜欢独立的和富有创造性的工作。知识渊博，有学识才能，不善于领导他人。考虑问题理性，做事喜欢精确，喜欢逻辑分析和推理，不断探讨未知的领域。

职业建议：喜欢智力的、抽象的、分析的、独立的定向任务，要求具备智力或分析才能，并将其用于观察、估测、衡量、形成理论，最终解决问题的工作，并具备相应的能力。如：科学研究人员、教师、工程师、电脑编程人员、医生、系统分析员。

职业的选择并不完全取决于性格本身，本测验的结果和解释仅供读者参考。